RETRO-REISEN

RUND UMS MITTELMEER

DIE SCHÖNSTEN TOUREN MIT OLD- UND YOUNGTIMERN

Motor Klassik

Motor buch Verlag

Einbandgestaltung: Sven Rauert, unter Verwendung von Motiven aus dem Archiv der Motorpresse Stuttgart (mps)

Herausgeber: Michael Schröder

ISBN: 978-3-613-04844-7

1. Auflage 2026

Sie finden uns im Internet unter **www.motorbuch-verlag.de**

Lektorat: Bernd Keidel
Satz: Patrick Drach, tebitron gmbh
Druck und Bindung: Graspo CZ, 763 02 Zlín
Printed in Czech Republic

TR6

Das Motto dieses Buchs? Vielleicht so: Einsteigen, losfahren und Sonne tanken! Denn auf den folgenden Seiten geht es in den Süden, und zwar bis an das Mittelmeer, aber auch an den Atlantik – und das natürlich immer am Steuer eines Klassikers. Lassen Sie sich von uns die schönsten Strecken an der spektakulären Amalfiküste oder an der eleganten Côte d´Azur zeigen. Wir entführen Sie ferner nach Sizilien und nach Elba, fahren durch das Herz der Provence, umrunden obendrein den Gardasee, reisen quer durch Frankreich bis an die Atlantikküste und wagen sogar einen Sprung nach Portugal, Albanien, Rumänien und Marokko.

Was all diese Destinationen verbindet? Es sind Sehnsuchtsorte – Ziele, die sich mit etwas Zeit im Gepäck realisieren lassen. Und zwar mit den meisten unserer Autos, die einst ja für den Alltagsbetrieb gebaut wurden und mit denen man damals auch in den Urlaub gefahren ist. Mein persönlicher Rat: Nehmen Sie sich diese Zeit. Und machen Sie nicht nur das Ziel, sondern bereits den Weg dorthin zum Erlebnis, etwa mit einer Route über ausgewählte Alpenpässe, von denen wir bereits im ersten Band dieser Buchreihe erzählt haben.
Sie wohnen im Norden von Deutschland und haben verständlicherweise wenig Lust auf eine lange Autobahnetappe? Dann machen Sie es wie mein Kollege Frank Janssen aus Hamburg, der bequem per Autozug in den Süden gelangt ist (ab Seite 180). Sie können natürlich auch in den Süden fliegen und sich vor Ort ein Auto mieten oder gleich an einer organisierten Reise teilnehmen. Beide Möglichkeiten bieten selbstverständlich maximalen Erlebniswert und werden in diesem Buch vorgestellt.

Noch eine persönliche Beobachtung zum Schluss: Frankreich macht es Besitzern klassischer Fahrzeuge mit seinen Umweltzonen derzeit nicht leicht. Viele Städte dürfen offiziell nur noch mit einer Crit'Air-Vignette befahren werden, die Oldtimern verwehrt bleibt. Gleichzeitig wächst dort aber eine erfreuliche Bewegung: Immer mehr Kommunen bewerben sich beim französischen Oldtimerverband FFVE (Fédéderation Francaise de Véhicules d'Époche) um das Label »Villes et Villages d'Accueil des Véhicules d'Époque«, das sie als »Oldtimer freundliche Gastgeber« auszeichnet *(www.ffve.org)*. Mehr als 200 Städte und Gemeinden haben inzwischen diese Auszeichnung erhalten. Eine tolle Idee, wie ich finde!

Ich für meinen Teil werde jedenfalls auch in diesem Jahr mit meinem Klassiker nach Frankreich fahren, Plakette hin oder her. Und lassen Sie es mich gerne wissen, wie es Ihnen mit Ihrem Klassiker bei unseren französischen Nachbarn, aber auch in allen anderen Ländern ergangen ist. In diesem Sinne wünsche ich Ihnen jederzeit und überall eine gute Reise!

Ihr **Michael Schröder**
mschroeder@motorpresse.de

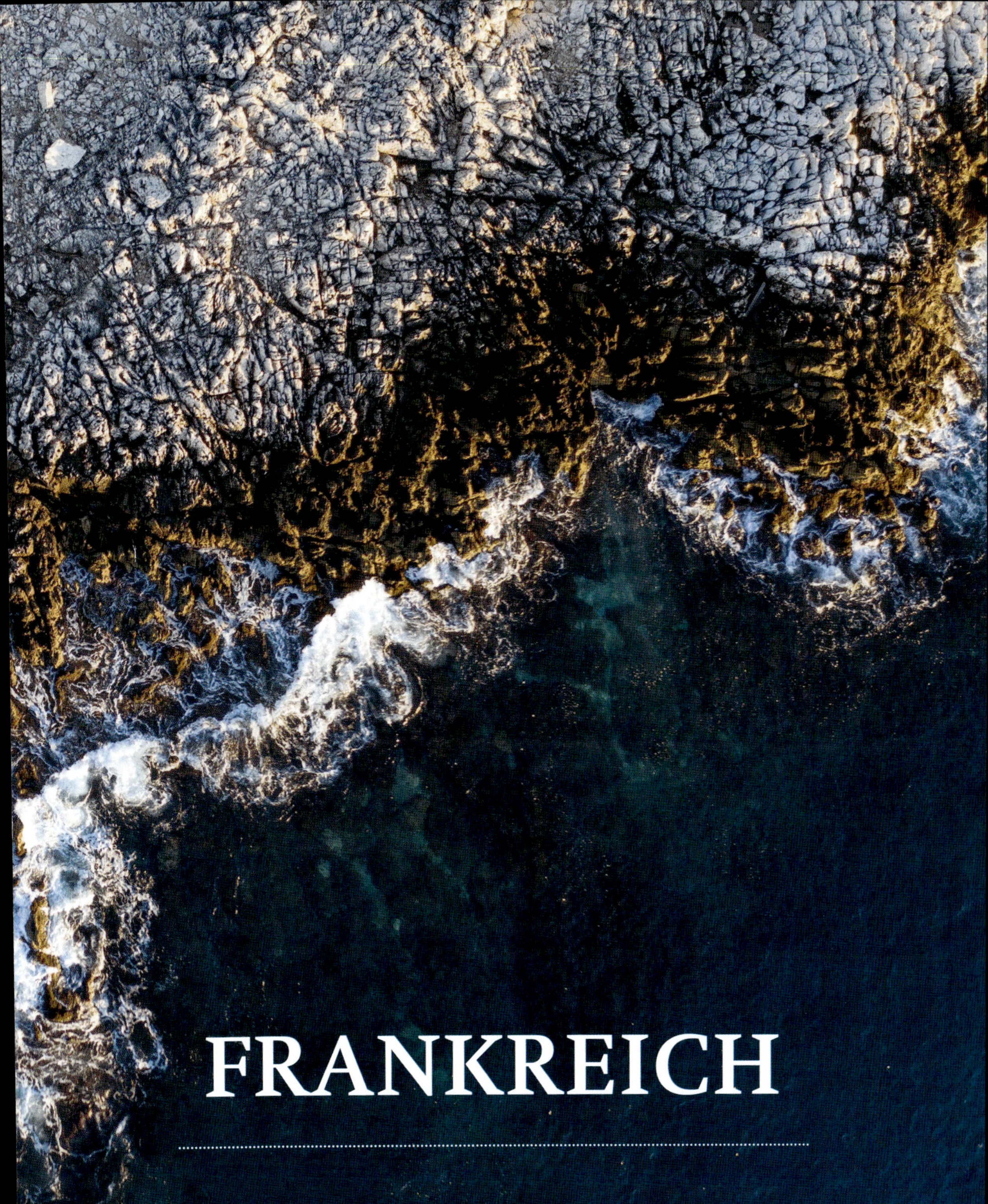

FRANKREICH

FRANKREICH

In aller **Stille**

Eine Reise in einem Citroën 2CV durch die Provence – jenseits der schrillen Hauptsaison. Vorbei an Aix-en-Provence, dann über die Berge, schließlich die einzigartige Côte d'Azur, wo eine Straße wartet, die wie ein Highway in den Himmel ist. Gefahren im Frühjahr, wenn sonst kaum jemand unterwegs und die Sehnsucht nach Sonne und Kurven in unseren Köpfen vermutlich am größten ist.

TEXT & FOTOS: *Michael Schröder*

DAS FAHRZEUG

Citroën 2CV 6

Eckdaten: Zweizylinder-Boxer, 602 cm3, 29 PS, 585 kg, 115 km/h, 1969 bis 1990

Preis: 15.000 Euro (guter Zustand)

Charakter: Unvergleichliches Fahrgefühl, hoher Sympathiefaktor, sehr einfache und leicht beherrschbare Technik

Oben: Im Sommer überlaufen, im März tote Hose: der Hafen von Cassis.
Unten: Viel Cabrio- und noch mehr Oldtimer-Feeling: So ein 2CV ist schon ein ziemlich tolles Auto.

Panoramastraße der Extraklasse: die Route des Crêtes, auch bekannt als Corniche des Crêtes.

Eine Straße wie ein achtlos hingeworfenes Tau. Der es gerade noch gelingt, sich mit himmelstürmenden Kurven und Kehren irgendwie dieser wild gezackten Topografie anzupassen. Rechts schützt eine kniehohe Mauer davor, dass der 2CV in den Abgrund fallen könnte, links ragt eine steile Felswand empor. Kaum mehr als ein fadendünner Strich auf der Karte, entpuppt sich der Col de l'Espigoulier als Trasse der Extraklasse. Als eine, die alles fordert.

Vom Fahrer, klar. Und selbstverständlich vom Auto, das mit seinen 29 PS abwechselnd im ersten und zweiten Gang tapfer diesen Pass hochmarschiert. Der 729 Meter hohe Übergang auf halbem Weg zwischen Aix-en-Provence und dem charmanten Hafenort Cassis mag im Vergleich zu alpinen Bergtrassen zwar nur ein Winzling sein – mit dessen Dramatik können es allerdings nur die wenigsten aufnehmen.

Die rettende Passhöhe kommt in Sichtweite. Wir haben uns wirklich eine Pause verdient, der hellblaue Citroën und ich. Als wir halten, spüren wir zum ersten Mal mit voller Wucht die Macht des Windes. Es ist der Mistral, der aus dem Nordwesten kommend durch das Rhonetal hinunter in Richtung Küste schießt. Stark genug, um Stühle, Tische und Bäume umzureißen, um Dächer abzudecken und Autos aus der Spur zu blasen. Es heißt, dass er drei oder fünf Tage lang ununterbrochen blase, manchmal könnten es aber auch sieben oder sogar neun Tage sein, und dass er dann den Menschen in der Provence mächtig aufs Gemüt drücke.

Die reinigende Kraft dieses Sturmes birgt jedoch etwas Unwirkliches. Es sind die klarsten Tage im Jahr, selbst viele Kilometer entfernte Konturen erscheinen unter diesem tiefblauen, wolkenlosen Himmel plötzlich gestochen scharf und zum Greifen nahe. Zu meinen Füßen breitet sich die Millionenmetropole Marseille aus, der Blick zurück wird von der senkrecht aufragenden, gut 1000 Meter hohen Sainte-Victoire-Bergkette in der Nähe von Aix-en-Provence dominiert.

Mit seinen unzähligen, auf 725 Meter hinauf windenden Kurven entpuppt sich der Col de l'Espigoulier als Trasse der Extraklasse.

Weiter in Richtung Süden, hinunter zum Mittelmeer. Die Abfahrt – wahrhaftig noch eine Spur verwegener als die Nordrampe. Kurviger obendrein. Vermutlich wäre niemand sonderlich überrascht, wenn dieses achterbahnähnliche Kunstwerk im nächsten Moment auch noch zu einem Looping ansetzen würde.

MICHÈLE MOUTON – KENNEN WIR NATÜRLICH, KLAR

Erst kurz vor dem urigen Gémenos kommt die Trasse ein wenig zur Ruhe. Ein freundlicher Ort mit uralten Häusern aus dicken Steinen, einer Olivenmühle und einer Bar im Zentrum. Zeit für einen Kaffee, welcher mir über einen abgegriffenen Tresen gereicht wird. Dahinter eine Wand voller vergilbter Poster, Rallyemotive aus den 70er- und 80er-Jahren: Renault Alpine, Lancia Stratos, Peugeot 205 Turbo. »Vous connaissez Didier Auriol et Michèle Mouton?« »Oui, bien sûr!« Dem Hausherrn gefällt, dass mir die Namen der beiden legendären Rallyepiloten bekannt sind. Wir einigen uns am Ende darauf, dass Walter Röhrl auch nicht gerade eine Schnecke war.

ÜBER 20 GRAD – NICHT SCHLECHT FÜR MITTE MÄRZ

Endspurt, denn zur Küste ist es nun wirklich nicht mehr weit. Ein paar Kilometer entlang der breiten D 8, die gleichermaßen zur Rennstrecke von Le Castellet führt. Kurz davor jedoch ein letzter Abzweig nach Süden, noch einmal ein kleiner Pass, der Col de l'Ange, dann hält die Straße in Richtung der Hafenstadt La Ciotat endgültig auf das Meer zu. Ein leichter Salzgeruch weht ins Innere des 2CV, und es ist mit knapp über 20 Grad noch eine Spur wärmer als oben in den Bergen. Für Mitte März kein wirklich schlechter Wert. Daheim in Stuttgart ist Regen angesagt.

Ein letztes Mal klettert der Weg steil bergan, vier, fünf Kurven später ist die Hafenstadt La Ciotat auch schon wieder im zittrigen Rückspiegel des 2CV verschwunden. Dann ist es auf einmal da, dieses Wahnsinnspanorama, attackiert mich das Licht im nächsten Moment mit seiner schärfsten Farbwaffe: Blau. Satt und pur das Wasser, ein wenig heller der Himmel, und der Horizont als dünner Strich dort, wo beides in der Ferne verschmilzt. Le grand Bleu – dagegen ist kein Kraut gewachsen.

Und es verwundert auch nicht, dass sie diesen Küstenstreifen schon bei der Namensgebung mit blauer Farbe übergossen haben. Côte d'Azur, die blaue Küste. Was für ein Name! Randvoll mit Sehnsucht und zugleich Synonym für den Süden, für Urlaub, für das pure Leben. Den Blick von Frankreichs höchster Steilküste in die scheinbare Unendlichkeit der mediterranen See muss man erst einmal verkraften, so heftig trifft er den Betrachter.

> Der Mistral zehrt gewaltig an den Nerven. Aber es sind die klarsten Tage im Jahr.

Gleich einem schmalen Pfad hangelt sich die Route des Crêtes von nun an hoch über der Gischt von einem Aussichtspunkt zum nächsten, erreicht kurz vor dem markanten Felsen Cap Canaille schließlich ihre höchste Stelle: 400 Meter, und nur die wirklich Schwindelfreien trauen sich bis ganz an den Rand, wo nur ein verrostetes Gitter vor dem Absturz schützt.

Andere bleiben bei dem Wind gleich im Auto sitzen, ohne allerdings wirklich viel von der Aussicht zu verpassen. Von einem Motorradfahrer erfahre ich, dass diese knapp 15 Kilometer lange Panoramastraße gestern wegen der heftigen Böen sogar komplett für den Verkehr gesperrt war. In weiten Bögen windet sich die Route des Crêtes allmählich wieder bergab in Richtung Cassis. Nur die letzten Meter bis zum Ortsrand lassen den Abstieg noch einmal zu einer Mutprobe für den kleinen Citroën werden: Ein Gefälle von 30 Prozent – das können nicht einmal die steilsten Pässe in den Alpen bieten.

KEINE HEKTIK – NUR EIN PAAR STILLE GENIESSER

Jetzt aber! Eine kleine Bar im Hafen, ein Sitzplatz in der ersten Reihe, ein Schälchen mit Oliven und ein Pastis. Von einem Kellner serviert, der die hohe Kunst, ein volles Tablett ausschließlich auf drei Fingerspitzen zu tragen, zur Vollendung gebracht hat. Die Felsen oberhalb der Stadt reflektieren bereits den rötlichen Schein der Abendsonne. Einzig ein paar Genießer haben sich pünktlich zum Sonnenuntergang auf der Promenade eingefunden. Kein Partyvolk, kein Geschrei, kein Verkehr. Nur das Rascheln der Palmen und das leise Klatschen der Wellen an den Rümpfen der winterfest vertäuten Ausflugsdampfer – Ende März herrscht über der Côte eine fast schon unheimliche Ruhe. Kein Tag im Sommer kann mit dieser einzigartigen Atmosphäre konkurrieren. Im nächsten Moment versinkt die Sonne. In aller Stille. ■

Alte Platanen, hellblaue Fensterläden, eine Bar: So stellen wir uns den Süden Frankreichs vor. Den besten Blick hat man vom 400 Meter hoch gelegenen Aussichtspunkt bei Cassis (ganz unten).

DIE PROVENCE – IN DER NEBENSAISON BESONDERS ATTRAKTIV

SO KOMMEN SIE HIN

Zwischen Herbst und Frühjahr sind viele Strecken in den Alpen nicht befahrbar, der Weg führt daher via Lyon über die mautpflichtige Autobahn (A 7) in die Provence. Ein 2CV lässt sich bei Yes Provence an verschiedenen Standorten mieten (190 Euro/Tag).
www.yesprovence.com

WAS SIE WISSEN SOLLTEN

Die Nebensaison beginnt in der Provence bereits Ende August, zwischen Oktober und März wird es dann richtig einsam, obendrein sind viele Hotels geschlossen. Ideal ist der Zeitraum zwischen März und Juni, danach steht man an der Küste wieder regelmäßig im Stau.

DORT SCHLAFEN SIE

In Cassis schläft man natürlich direkt am Hafen, ein Tipp wäre das einfache Hotel »Cassitel«, welches auch über eine Garage verfügt (www.cassitel.com). Feiner ist das fantastisch am Meer gelegene »Les Roches Blanches«, www.roches-blanches-cassis.com.

DAS SOLLTEN SIE LESEN

Klassische Reiseführer finden sich zuhauf, wirklich gut sind die Werke von Reise Know-How und aus dem Verlag Michael Müller. Und: Die jeweiligen Ausgaben von »Merian« sowie »Dumont Bildatlas« machen bereits beim Lesen große Lust auf eine Reise in Frankreichs Süden.

SÜDFRANKREICH

AB IN DEN SÜDEN!

Blau das Wasser und blau der Himmel bis zum Horizont – um dem grauen Alltag zu entkommen, haben wir uns im Frühjahr in einen offenen Elfer gesetzt und einen Freund an der sonnenverwöhnten Côte d'Azur besucht. Weil die erste Ausfahrt im Jahr ruhig etwas Besonderes sein darf.

TEXT: *Michael Schröder* **FOTOS:** *Arturo Rivas*

DIE FAHRZEUGE

Porsche 911 Carrera Cabrio
Eckdaten: Sechszylinder-Boxermotor, 3164 cm^3, 231 PS, 1250 kg, 245 km/h, 1983 bis 1989
Preis: ca. 75.000 Euro (guter Zustand)
Charakter: Reisetauglicher Sportwagen, ausgereift, robust, strahlt noch viel Charme des Urmodells aus

Mercedes-Benz 500 SL
Eckdaten: V8-Motor (E 50), 4973 cm3, 223 PS, 1610 kg, 225 km/h, 1985 bis 1989
Preis: ca. 45.000 Euro (guter Zustand)
Charakter: Reisetaugliches Cabriolet, souveräner V8-Antrieb, ideal für lange Strecken, viel Platz, solide wie eine Burg

Die kurvige Strecke entlang der roten Felsen der Corniche de l'Esterel nahe Cannes ist ein perfektes Cabrio-Revier.

Warmer Fahrtwind und ein Blick auf die blaue See sind das beste Rezept gegen den Winterblues.

Sie hat Klasse, wie sie sich hoch über den Dächern von Monaco und Nizza durch die Felsen windet. Im Süden das tiefblaue Meer, im Norden die bis zu 3000 Meter hohen Ausläufer der Seealpen und dazwischen nur ein paar Orte und Sommerresidenzen, die wie Adlerhorste im Fels hängen. Viele haben versucht, sie zu übertrumpfen, ihr den Rang als die Nummer eins der französischen Küstenstraßen streitig zu machen. Aus ihrer Sicht aufmüpfige Emporkömmlinge ohne Stil und Geschichte. Denn nur sie ist per du mit dem Jetset, mit unzähligen Filmstars und natürlich mit dem gesamten europäischen Adel. Und wir kennen sie aus James-Bond-Filmen, aus einem Hitchcock, aus der Boulevardpresse. Nein, für die glamouröse Grande Corniche gibt es keine wirkliche Alternative an der Côte d'Azur.

Frühstück im mittelalterlichen Èze, auf einer Terrasse fast 500 Meter hoch über dem Meer. Bei 15 Grad und einem strahlend blauen Himmel kein Gedanke mehr an den Winter daheim, an die über 1000 Kilometer lange Anreise vom verschneiten Stuttgart über die (gottlob!) salzfreie Rhone-Autobahn bis hierher, wo der Frühling längst Einzug gehalten hat. Der 35 Jahre alte Porsche 911 Carrera zeigte sich gänzlich unbeeindruckt von diesem langen Fahrtag. Belohnte die gesetzlich verordnete Schleichtour durch Frankreich – erlaubt sind maximal 130 km/h – sogar mit einer sagenhaften Reichweite: knapp 850 Kilometer bis zum ersten Tankstopp, das macht rund acht bis neun Liter pro 100 Kilometer. Nicht schlecht für einen 231 PS starken Sportwagen, der sich wie sein Fahrer nach Sonne und Kurven sehnt. Dieser erste große Trip im Jahr wird uns beiden guttun, so viel ist jetzt schon klar.

Ich bin in dem kleinen Bergdorf mit Stellan Lindström verabredet, einem alten Freund aus Schweden, der als Geschäftsmann nicht zuletzt wegen des milden Klimas bereits vor 31 Jahren in den Süden Frankreichs gezogen ist. Sein Mercedes-Benz 500 SL passt perfekt in die mondäne Welt der Côte d'Azur, ein Auto wie eine Villa auf Rädern, üppig und zeitlos. Zudem suggeriert es trotz fehlenden Daches oder Bügels eine größtmögliche Geborgenheit, selbst lange nach Ende seiner 18 Jahre andauernden Produktionszeit. Ein Erfolgstyp also, der im Lauf seiner langen Karriere Maßstäbe gesetzt hat – im Design gleichermaßen wie in Technik und Verarbeitungsqualität.

Eingerahmt von roten Felsen, bietet sich die ideale Bühne für unsere beiden offene Ikonen.

Niemand außer uns – nur ein SL und der 911, die auf dem Weg nach Saint-Tropez sind. Das ist unser Tag.

AFRIKANISCHER WIND IM COCKPIT

Inzwischen haben beide Autos ihre Dächer geöffnet. Beim Mercedes verschwindet die Haube unter einer Klappe, beim Porsche unter einer Persenning, was ein paar Handgriffe länger dauert. Gemeinsam wollen Stellan und ich bis Saint-Tropez fahren, die Côte d'Azur in Ruhe erleben, bevor die gesamte Küste wieder ihr schrilles Sommer-Partykleid anlegt und sämtliche Straßen hoffnungslos verstopft sind. Dann packt auch Stellan regelmäßig seine Koffer und zieht für drei Monate wieder in seine Heimatstadt Stockholm.

Doch jetzt gehört uns diese himmelsstürmende Strecke zwischen Monaco und Nizza nahezu allein. Ein milder, von Afrika herwehender Wind zieht durch die offenen Autos, ein grandioses Gefühl. Wir lassen es langsam angehen, doch bereits in den ersten Kurven der Grande Corniche offenbart sich das unterschiedliche Wesen dieser Cabriolets.

Der Mercedes nimmt sie lieber gelassen, ist vom Charakter viel näher an einer Limousine als an einem Sportwagen. SL-Besitzer wie Stellan schätzen den Komfort, das Gefühl der Sicherheit, das beruhigende Wesen des 223 PS starken Fünfliter-V8, der trotz seiner Kraft zu keinerlei sportlichen Aktionen animiert. Das SL-Kürzel steht hier längst nicht mehr für »Super Leicht« wie beim legendären Vorgänger 300 SL mit aufwendiger Gitterrohrbauweise, sondern für schnell und leise. Mit Hardtop taugt so ein später 107er mit V8 sogar als bequemer Reisewagen – und wurde deshalb wohl besonders gern auch als repräsentativer Zweitwagen von Millionärsgattinnen bewegt.

Der Elfer hingegen sehnt sich naturgemäß nach mehr Tempo. Sogar als Cabriolet, das 1982 präsentiert wurde, kann er sein wahres Ich nicht verbergen – er bleibt bis in die letzte Schraubenspitze nun einmal ein hochkarätiger Sportwagen. Vermutlich sogar der erfolgreichste aller Zeiten, weil er so ziemlich alles gewonnen hat, was auf Renn- und Rallyestrecken abzuräumen war. Alltagstauglich ist er obendrein, selbst wenn er sich ein paar Eigenheiten wie einen mittig angeordneten Drehzahlmesser, stehende Pedale oder ein links sitzendes Zündschloss leistet.

Doch erst dieser gebläsegekühlte Sechszylinder-Boxer mit den beiden obenliegenden Nockenwellen macht einen Elfer so unglaublich begehrenswert. Schier unerschöpflich in seinem Potenzial und akustisch bereits im Standgas eine Offenbarung. Einmal warm gefahren, giert das 3,2-Liter-Aggregat mit heißerem Kreischen förmlich nach Drehzahlen, fordert es den Fahrer mit seinem furiosen Soundfeuerwerk stets aufs Neue heraus.

Doch fürs Erste ist Cruisen angesagt, der genialen Aussicht von der Grande Corniche auf die See wegen. Und hinter der nächsten Kehre auf Cap Ferrat, wo sich dicht an dicht die Villen der Superreichen drängen. Nur eine Mauer aus dicken Steinen, kaum kniehoch, begrenzt hier oben die Straße vor dem Abgrund, und wir müssen an die tragische Geschichte von Hollywoodstar und Monaco-Fürstin Grace Kelly denken, die 1982 in der Nähe mit ihrem Auto in die Tiefe gestürzt ist.

DER CHARME DER VORSAISON

Hinunter nach Nizza. Im Zeitraffer von der Einsamkeit der Berge mitten ins Gewühl einer Großstadt, deren Straßen wohl immer verstopft sind. Auf der Promenade des Anglais, der Flaniermeile der Stadt, ist der große SL jedoch voll in seinem Element, besticht im zähen Strom moderner Wagen mit einer natürlichen Anmut, wie sie nur wirklichen Stars zu eigen ist. Vermutlich ließe man ihn trotz Halteverbot sogar direkt vor dem »Negresco« parken, jener berühmten Luxusherberge aus der Belle Époque.

Weiter in Richtung Saint-Tropez. Ich folge dem Mercedes, hänge mich an seine großen Rückleuchten. Es geht vorbei an Juan-les-Pins, schließlich Cannes. Bis dahin verrammelte Ferienhäuser, geschlossene Bars, menschenleere Strände. Ruhe statt Rummel – Vorsaison ist etwas Wunderbares.

Doch erst hinter Cannes fährt die Küste wieder zu

Mondän – die Promenade des Anglais in Nizza mit ihren vielen Luxusherbergen.

Ruhe statt Rummel in Saint-Tropez. Einzig der 911 und der SL sorgen für eine kleine Showeinlage im Hafen (oben). Navigiert wird selbstverständlich nach Karte (unten).

Einmal dort parken, wo man im Sommer nie einen Platz bekäme – im Hafen von Saint-Tropez.

voller Größe auf. Bis Fréjus nur Straße und Fels, weil das Massiv de l'Esterel so steil ins Meer stürzt, dass in diesem Teil der Côte d'Azur jeder größere Bebauungsplan gescheitert ist. Dafür Kurven satt, mal auf Meereshöhe, dann wieder etwas weiter oben im rötlich gezackten Gestein.

Hier darf der Elfer wieder aus dem Schatten des Mercedes treten. Zielsicher nimmt das Auto mit seinen beiden Kotflügelhörnern diese kurvige Trasse ins Visier, und ich erlaube mir ein paar Sprints. Einfach unfassbar, wie genial sich dieser 3,2-Liter-Boxer anhört, je höher er drehen darf. Oder wie leichtfüßig sich dieses Auto durch Kurven dirigieren lässt. Nur die Schaltung will nicht so recht zu einem Sportwagen passen. Der gewonnene Vorsprung zum SL ist schnell wieder dahin, weil die Wege zwischen den Gängen zu lang und nicht immer leicht zu finden sind.

Stellan hingegen genießt es, in der vierten Fahrstufe bis maximal 2500 Umdrehungen vor sich hinzugleiten: für den Leichtmetall-Achtzylinder des SL nicht mehr als eine Fingerübung, gleichwohl dessen Paradedisziplin. Vom Sound des großen V8-Aggregats dringt allenfalls ein leises Grummeln ans Ohr, während der wilde Boxer im Heck des weißen Carrera seinen Fahrer zu keinem Zeitpunkt darüber im Unklaren lässt, woher die Kraft kommt.

Wir lassen es laufen, halten erst wieder in Saint-Tropez, gleiten auf der Flaniermeile im Hafen vorbei an winterfest vertäuten Jachten, an geschlossenen Restaurants und dunklen Boutiquen. Nur das »Café Sénéquier«, einer der Klassiker auf diesem weltberühmten Laufsteg, und ein paar kleine Bars in den Nebenstraßen versorgen die wenigen Besucher. Ohne Jetset und Massentourismus wirkt »Saint-Trop« wie ein provinzielles 6000-Seelen-Kaff – allerdings ein besonders hübsches.

Der Elfer und der SL halten in der ersten Reihe vor ein paar alten Fischerhäusern. Im Sommer käme so ein Parkplatz einem Lotteriegewinn gleich, doch heute interessiert sich kein Mensch dafür. Nur ein paar Jugendliche stürmen auf getunten Rollern vorbei, wenden, werfen einen Blick in die offenen Cabriolets, nicken anerkennend. Auch wir sind zufrieden. Der Tag war gut. So gut, dass es schwerfällt, Schluss zu machen. ■

Der Tag war gut. So gut, dass es schwerfällt, für heute Schluss zu machen.

DER TIPP FÜRS FRÜHJAHR: DIE CÔTE D'AZUR

WAS SIE WISSEN SOLLTEN

Die Nebensaison beginnt in der Provence bereits ab Ende August, und wer zwischen Oktober bis April dorthin reist, kommt erst recht in den Genuss leerer Straßen. Ein Muss ist dann natürlich eine Fahrt über die im Text beschriebene Grande Corniche hoch im Fels zwischen Nizza und Monaco. Neben dem Fahrspaß ist die Aussicht bei Èze auf die Côte d'Azur ziemlich einzigartig. Èze selbst zählt zu den schönsten Dörfern an diesem Teil der Küste, unbedingt anschauen – so wie Saint-Tropez.

SO KOMMEN SIE HIN

Der sicherlich schnellste Weg hinunter an die Côte d'Azur führt entweder über Zürich und Mailand bis Genua und dann entlang der Küstenautobahn via Monaco bis Nizza. Oder – wie im Text beschrieben – ab Mühlhausen über Lyon und Avignon in Richtung Aix-en-Provence. Diese längere Version empfiehlt sich, wenn in den Alpen winterliche Bedingungen herrschen. Falls das Wetter jedoch mitspielt und Sie ein paar Stunden mehr Zeit haben sollten, dann via Genf nach Grenoble und von dort aus nach Sisteron und weiter nach Digne fahren. Ab dort führen dann gleich mehrere tolle Strecken in Richtung Mittelmeer, beispielsweise der legendäre Col de Turini, der sich in den Bergen oberhalb von Nizza und Monaco befindet.

DORT SCHLAFEN SIE

Im Prinzip könnte man die Côte d'Azur auch mit einer einzigen Hotelanlage vergleichen, die allerdings in der Nebensaison nicht durchgehend geöffnet ist. Ein Tipp für diesen Zeitraum jedoch ist in Nizza das direkt an der Promenade des Anglais gelegene Hotel »Flots d'Azur« (www.hotelflotsdazur.com). In Saint-Tropez empfiehlt sich das nette »Lou Cagnard« (www.hotel-lou-cagnard.com).

DAS SOLLTEN SIE LESEN

Ausreichend Information bietet der handliche Reiseführer »Nizza, Monaco, Cannes und Saint-Tropez« aus der Reihe Merian live. Für Frankreichfans kommen nur Michelin-Karten infrage, in diesem Fall Blatt 340.

DAS FAHRZEUG

Mercedes-Benz 250 SL

Eckdaten: Sechszylinder-Reihenmotor, 2496 cm³, 150 PS, 1360 kg, 195 km/h, 1966 bis 1968

Preis: ca. 70.000 Euro (guter Zustand)

Charakter: Design-Klassiker, sehr gute Verarbeitung, Roadster und Coupé in einem, hoher Fahrtkomfort, viel Platz

FRANKREICH

STARKER SÜDEN!

Eine Fahrt durch die Provence ist ein Fest für die Sinne, besonders im Herbst, wenn die Urlaubszeit vorbei ist und die Straßen wieder leer sind. Ein Tagestrip am Steuer eines Mercedes SL.

TEXT: *Michael Schröder* **FOTOS:** *Arturo Rivas*

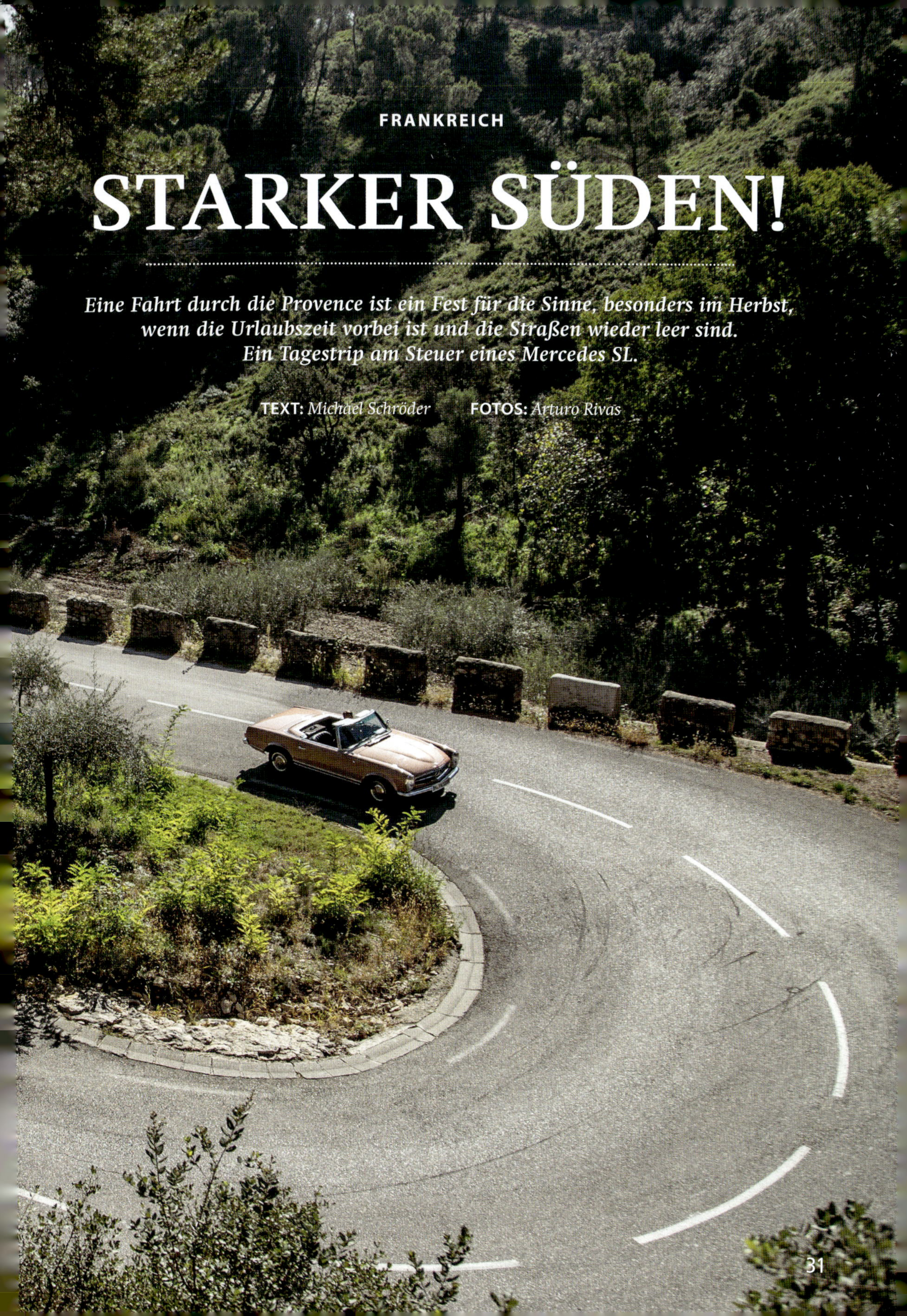

Großes Kino: An An- und Aussichten mangelt es nicht, hier die D 177 in Richtung Gordes.

Komfortabel, elegant und sportlich: So eine Pagode passt ziemlich gut in die Provence.

Die D 5 ist mir auf Anhieb sympathisch. Schmal, kurvig und von rotbraunen Felsen und Pinien flankiert, windet sich dieses Sträßchen über das Massif des Alpilles, der sogenannten kleinen Alpen, zwischen Maussane und Saint-Rémy-de-Provence. Lauwarmer Fahrtwind weht durch den offenen 250 SL, und es duftet nach Frühling, obwohl dieser Trip im Herbst stattgefunden hat: Ende Oktober in einem Cabrio durch die südfranzösische Provence cruisen und noch einmal richtig Sonne tanken – mir gefiel der Gedanke, so die Saison zu beenden. Oder zu verlängern, eben je nach Sichtweise (diese Route kann natürlich jederzeit im Jahr befahren werden und ab sofort auch im Rahmen einer organisierten Reise).

Kurzer Abstecher ins Zentrum von Saint-Rémy. Der SL huscht unter den Platanen am Boulevard Mirabeau hindurch (ja, genau die, die schon Vincent van Gogh gemalt hat, aber das haben Sie natürlich sofort gewusst), findet – mit meiner Unterstützung – gleich darauf einen Parkplatz am Place de la République.

Klack! Fast hätte eine Eisenkugel den braunen Mercedes getroffen. 900 Gramm blankes Metall, das ziemlich knapp vor dem Auto im Staub landet und dabei eine weitere Kugel wegkatapultiert. Der Werfer und seine Freunde, die den Platz vor der kleinen Bar für sich beanspruchen, blinzeln herüber und widmen sich gleich darauf wieder ihrer Partie. Boule – oder genauer: Pétanque – ist sozusagen der Nationalsport im Süden Frankreichs. Ein Spiel, bei dem sich jeder beteiligen kann, egal ob Hilfsarbeiter oder Rechtsanwalt. Gelegentlich werden sogar Touristen als Spielpartner geduldet – aber niemals, um Himmels willen, Frauen!

Obwohl der Unterhaltungswert der Partie groß ist – es wird diskutiert, analysiert, geraucht, getrunken, gelacht, gelästert –, zieht es den SL zurück auf die Straße, grober Kurs Avignon. Die Wege bis dorthin, vorbei an Graveson und weiter über die D 81 bis zur Abtei de Frigolet und hinunter zur Rhone, entpuppen sich als noch schmaler als bisher. Gemäßigtes Landstraßentempo. 60, 70 oder auch schon

Café – Glacier
Restaurant "Coté jardin"

W YW113H

mal 80 oder 100 Sachen, wenn die Gerade im Wald für einen Moment lang genug ist. Heiser säuselnd rauscht der SL dann dahin, sein drehmomentstarker 2,5-Liter-Sechszylinder passt perfekt zu dieser entspannten Gangart, und selbst bei höherem Tempo wirkt das Auto wie aus einem Guss. Kein Zittern, keine Verwindungen.

Und schnell gefahrene Kurven kontert so eine Pagode ebenfalls mit größter Souveränität, wohl auch wegen ihrer breiten Spur. Stress? Der hat keine Chance in diesem Luxus-Roadster mit seinen bequemen Sitzen, dem riesigen Lenkrad, der steil stehenden Windschutzscheibe, durch die der Blick zuerst immer auf die gewölbte Motorhaube fällt. Darunter das 150 PS starke Triebwerk, das jenseits von 4000 Touren doch überraschend kernig klingt. Von wegen nur ein hübscher Cruiser für die Boulevards in München, Paris oder Saint-Tropez! Wenn's darauf ankommt, kann die Pagode auch sportlich (nur Dauervollgas mag sie nicht, aber das haben wir ihr längst verziehen).

STRASSEN, DIE BEGEISTERN

Avignon. Mühsam hangelt sich der SL durch den zähen Einbahnstraßenverkehr. Wir, also die Pagode und ich, gelangen zwar bis fast an den Papstpalast, doch nach drei Altstadtrunden geben wir uns geschlagen – keine Chance auf einen Parkplatz (höchstens weit draußen am Rand der Stadt, in die es dann mit einem Shuttle-Bus geht), schon gar nicht in Sichtweite von einem der vielen netten Cafés, deren Plätze draußen an einem so sonnigen Tag wie heute natürlich alle gesucht sind. Runde vier verkneifen wir uns schließlich, weil wir uns daran erinnern, warum wir eigentlich hier sind: zum Fahren.

Erst südlich von Carpentras werden die Wege wieder schmaler, die Orte uriger – die in Avignon aufgeschobene Pause findet im charmanten Saint-Didier statt. Rentner schlurfen über den Platz vor der Bar Le Siècle, drei Hunde dösen im Schatten uralter Platanen, und auf der anderen Straßenseite startet jemand einen klapprigen 2CV. Ansonsten ist es still.

Hinter Venasque windet sich die Straße endgültig aus dem flachen Rhonetal hinaus, verschwindet wieder vollständig in den Bergen. Gefaltete Felsen, steinige Felder und dichte Kiefernwälder rechts und links der Strecke (im Frühsommer kämen natürlich noch Ginster und Lavendel hinzu). Schließlich der Abzweig auf die einspurige D 177, die sich in südliche Richtung zuerst durch eine Schlucht, dann über ein Plateau bis zur weltabgeschiedenen Abtei Notre-Dame de Sénanque windet. Zwischendurch fällt der Blick immer wieder auf den 1912 Meter hohen Mont Ventoux, der wie ein einsamer Klotz das Land weithin sichtbar überragt.

MEHR PROVENCE GEHT NICHT

Es ist, als ob die Pagode durch ein Postkartenmotiv fahren würde. Mehr Provence geht nicht. Oder doch? Nur ein paar Kilometer weiter hangelt sich die Trasse zuerst noch an einer tiefen Schlucht entlang und gleich darauf hinunter bis nach Gordes. Uraltes Gemäuer an einem steilen Hang, und in der Mitte eine recht imposante Burg – es heißt, dies sei eines der schönsten Dörfer Frankreichs. Dass eine Reisegruppe aus Japan ihre Kameras beim Anblick der braunen Pagode vollkommen entzückt auf das Auto anstelle der historischen Gemäuer richtet, nehmen wir gelassen zur Kenntnis.

Der Rest des Tages? Der verfliegt wie im Rausch. Wir sind längst ein eingespieltes Team, als die Häuser von Apt im späten Nachmittagslicht am Rande des Luberon erscheinen und wir schließlich tief in diesen Gebirgszug eindringen. Noch einmal wirft sich die Straße mächtig ins Zeug: bis ins etwa 25 Kilometer entfernte Lourmarin nur Kurven und Kehren – und eine Pagode in Bestform. Es fällt schwer, am Abend auf dem Hotelparkplatz in Mallemort aus dem Auto zu steigen. Denn Tage wie dieser sind ein Geschenk. ■

Zählt nicht zu Unrecht zu den schönsten Dörfern Frankreichs: das charmante Gordes.

PROVENCE: FRANKREICHS STARKER SÜDEN

SO KOMMEN SIE HIN

Für die beschriebene Tour genügt ein Flugticket nach Nizza (ab etwa 250 Euro), wo das Auto auf Sie wartet. Wenn Sie mit dem eigenen Klassiker eine Provence-Tour unternehmen wollen, empfiehlt sich im Frühjahr oder im Herbst die Anreise über Mülhausen und von dort weiter über die Autobahn in Richtung Lyon. Ab dort dann der A 7 (Autoroute du Soleil) in Richtung Süden folgen. Wenn Jahreszeit und Wetter es zulassen, sollten Sie hingegen ab Genf über die Route Napoleon bis in den Süden Frankreichs fahren. Oder noch besser: Ab dem Genfer See entlang der Route des Grandes Alpes, die bis zum Mittelmeer über 16 Alpenpässe führt – diese Variante ist allerdings nur ab Mitte Mai bis Mitte Oktober möglich.

WAS SIE WISSEN SOLLTEN

Bei dieser Tour handelt es sich um eine Etappe einer insgesamt viertägigen organisierten Klassiker-Reise ab Nizza, die von der Münchner Firma Nostalgic durchgeführt wird. Das Besondere: Es wird ausschließlich in hauseigenen Mercedes-Modellen (R 107, W 113 Pagode) gefahren. Der Preis von 3200 Euro pro Person beinhaltet die Übernachtungen inklusive Verpflegung, das Auto, die Reiseleitung sowie die Transfers (ohne Anreise). Infos: www.nostalgic.de.

DORT SCHLAFEN SIE

Die Provence ist touristisch sehr gut erschlossen, dort finden sich Hotels und Pensionen in (fast) allen Orten und Preisklassen. Zwischen November und April sind viele Unterkünfte allerdings im Winterschlaf. Der Tipp für Klassik-Fans: die Villa Hautvallon in Gordes. Der Besitzer (man spricht deutsch) bietet auch geführte Touren in hauseigenen Klassikern an. Infos: www.villa-hautvallon.com

DAS SOLLTEN SIE LESEN

Eine gute Wahl sind die Provence-Reiseführer aus den Verlagen Reise Know-How oder Michael Müller. Ebenfalls ein Tipp: der kompakte Marco Polo-Reiseführer »Provence« für 15,95 Euro.

DIE FAHRZEUGE

BMW 1600-02 Cabriolet
Eckdaten: Vierzylinder-Reihenmotor, 1573 cm³, 85 PS, 940 kg, 162 km/h, 1967 bis 1971
Preis: ca. 50.000 Euro (guter Zustand)
Charakter: elegantes viersitziges Cabriolet, bei Baur in Stuttgart gefertigt, gutes Fahrwerk, aber verwindungsfreudige Karosserie

Porsche 911 Targa (F-Modell)
Eckdaten: luftgekühlter Sechszylinder-Boxer, 1991 cm³, 130 PS, 1095 kg, 210 km/h, 1966 bis 1967
Preis: 250.000 Euro (guter Zustand)
Charakter: pures Targa-Urmodell, zuverlässige Technik, tolles Design, sympathische Ausstrahlung – aber sehr teuer

FRANKREICH

FRÜH-START

Die Sehnsucht nach Sonne und Kurven kennt jeder. Mitte März muss man dafür jedoch eine längere Anreise in Kauf nehmen – zum Beispiel bis an die Ardèche in Südfrankreich.

TEXT: *Michael Schröder* **FOTOS:** *Arturo Rivas*

Im Frühjahr ist in den Dörfern dieser Region, wie hier in Nyons, noch ziemlich wenig los.

Wochenmarkt in Nyons. Zu den Spezialitäten gehören Fleischprodukte, Wein und Olivenöl.

Arktischer Wind tost durch die Innenräume, obwohl der endlos blaue Himmel den Augen einen milden Sommertag vorgaukelt. Vielleicht waren Michael Wehner und ich zu übermütig, bereits bei Mulhouse im südlichen Elsass die Verdecke abzunehmen, aber das würde natürlich keiner von uns zugeben. Heizungen und Gebläse laufen auf Anschlag, doch bei gesetzestreuem Autobahntempo 130 hält sich die Wärme bestenfalls auf Knöchelhöhe.

Draußen gleitet die französische Provinz vorbei, die verschneiten Ausläufer der Vogesen, dann Besançon und Dole, wo der Porsche und der BMW auf der A 39 in Richtung Lyon endgültig Kurs Süd einschlagen. Wir hatten uns eingeredet, dass die erste richtige Ausfahrt im Jahr ruhig etwas Besonderes sein darf. Sonne, logisch. Und jede Menge Kurven für ein langes Wochenende voller Fahrspaß. Dass die Alpen für solch ein Unternehmen Mitte März wegen Schnee und Salz auf den Straßen ausscheiden, ist klar, doch Plan B war rasch gefunden – Gorges de l'Ardèche im Süden Frankreichs.

KEINE WOLKE AM HIMMEL. PERFEKT

Hinter Lyon werden die Schatten bereits länger, und auf der Höhe von Montelimar färbt sich die Sonne allmählich glutrot. Ein Hauch von Frühling weht durch das Rhonetal, es ist spürbar wärmer. Die Aussichten für morgen: 20 bis 25 Grad und Sonne satt.

Gegen 20 Uhr schlagen wir in einem Hotel in Saint-Martin-d'Ardèche auf, und dass die Küche noch mit ein paar Filetsteaks herausrückt, grenzt an großes Glück. Nebensaison. Überall absolut tote Hose, vor Mitte April geht hier so gut wie nichts. Das Fazit nach gut zehn Stunden Fahrt: Der BMW 1600 hat die komfortableren Sitze, die angenehmerweise über Kopfstützen verfügen. Das Vierganggetriebe erweist sich auf Autobahnetappen jedoch als zu kurz übersetzt, bei Tempo 130 liegen 5000 Umdrehungen an. Vom Motor hört man dennoch keinen Mucks, er wird bei offener Fahrt von den Windgeräuschen vollkommen übertönt.

Im 911 sitzt es sich auf langer Strecke eine Spur unbequemer, jedoch tiefer und windgeschützter, selbst wenn die flexible Heckscheibe unter der Persenning ruht. Hausintern bezeichnete Porsche diese komplett offene Variante als »Targa Spyder«.

Mit geschlossener Heckscheibe weht trotz herausgenommenem Dachteil kaum noch ein Luftzug von hinten durch das Auto, werksintern sprach man bei Porsche dann von einem »Targa Bel Air«. Die dritte Version – geschlossenes Dach und offene Heckscheibe – nannte Porsche schließlich die »Südstaaten-Variante« und empfahl diese Möglichkeit bei direkter Sonneneinstrahlung.

Der nächste Tag beginnt wie versprochen: Keine Wolke am Himmel, und nach einem typisch französischen Minimalfrühstück – Kaffee, Croissant und eine Portion Marmelade – kommt hinter dem Ort zumindest die Straße gleich zur Sache. Sie zwirbelt sich von nun an abwechselnd in engen Kehren und weiten Bögen bergan. Genial, diese zerklüftete Topografie, denn sie lässt keinen Raum für eine nennenswerte Gerade. 32 Kilometer weit.

Das Beste: Mitte März gehört uns diese Trasse allein. Wunderbar, denke ich mir und lasse nach einer Aufwärmrunde – aufgeputscht vom satten Boxer-Brabbeln – den Porsche von der Leine. Spontan setzt der Sechszylinder im Heck jeden Gasbefehl um, giert förmlich nach Drehzahl und bedankt sich dafür ab 4500 Touren mit einem einmaligen Fauchen.

Gegen dessen süchtig machende Wirkung kann man sich einfach nicht wehren, es dringt im offenen Targa noch eine Spur intensiver bis zum Fahrer vor als im Coupé. Maximal 130 PS rückt das Zweiliter-Aggregat heraus, doch die werden in diesem engen Terrain an keiner Stelle ernsthaft benötigt. Selbst ein 60 Jahre alter Elfer verfügt, befeuert von zwei Weber-Dreifachvergasern, bereits im mittleren Drehzahlbereich stets über so viel Druck am Ende jeder Kehre, dass es die reinste Freude ist. Und über ein Fahrwerk, das diesen Sportwagen förmlich mit dem Asphalt verschmelzen lässt – kein Nachteil an einem Ort wie diesem, weil an einigen Stellen weder Leitplanken noch Mauerwerk vor einem Abflug in die Tiefe schützen. Weit unten windet sich die Ardèche wie eine grüne Schlange durch das helle Gestein. Ein paar Kanuten sind bereits unterwegs, ihre Boote erscheinen aus unserer Perspektive wie bunte Spielzeuge. Die Dramaturgie der Landschaft beruhigt sich erst wieder am Ende des Canyons, dort, wo der Fluss durch den Pont d'Arc fließt. Das Bild mit der natürlichen Felsbrücke ziert hier jede zweite Postkarte.

Wir halten direkt am Ufer. Ein Baguette, ein Stück Käse, eine Flasche Mineralwasser, neben uns die

Unten: Regionale Delikatessen auf dem Wochenmarkt in Nyons.
Rechts: Im Kiosk gibt es Postkarten, Zeitungen und natürlich den neuesten Klatsch.

An einigen Stellen schützen weder Leitplanken noch Mauern vor einem Abflug in die Tiefe.

Autos. Auf unseren Gesichtern bahnt sich der erste Sonnenbrand dieses Jahres an. Damit hatten wir nicht gerechnet, aber der Moment ist einfach zu perfekt, um sich darüber zu ärgern.

DER TAG VERGEHT WIE IM FLUG

Wir tauschen die Fahrzeuge, pfeilen zurück. Im Vergleich zum 911 fühlt man sich im BMW ein wenig wie in einem SUV. Man genießt den Platz, sitzt höher und aufrechter, und der Wagen neigt sich in den Ecken auf seinen schmalen Reifen spürbar stärker zur Seite. Umso erfreulicher, wie präzise sich das Auto dennoch durch diesen Kurvenwirrwarr zirkeln lässt.

Die eigentliche Überraschung steckt jedoch unter der Motorhaube. Das 85 PS starke 1600er-Triebwerk dreht gefühltermaßen hoch wie eine Turbine, agiert dabei vollkommen unspektakulär und gleichermaßen überaus effektiv. Die kurze Getriebeübersetzung reduziert die Gangwechsel auf ein Minimum. Was eigentlich sehr schade ist, denn der kurze, senkrecht stehende Schalthebel liegt viel zu gut in der Hand, um ihn nur gelegentlich zu benutzen.

Auf jeden Fall macht es dieser Wagen dem Porsche nicht leicht, einfach so davonzufahren. Bis zum Abend haben wir diese Trasse oberhalb der Ardèche viermal abgespult. Der Tag verging dabei wie im Flug und verabschiedet sich mit einem grandiosen Sonnenuntergang.

Früh am Morgen steht die leidige Rückfahrt nach Stuttgart an, doch für einen Abstecher ins 50 Kilometer entfernte Nyons sollte die Zeit noch reichen. Der kleine Ort ist über Frankreichs Grenzen hinaus berühmt für sein Olivenöl. Eine Handvoll Straßencafés säumen den Marktplatz, auf dem bereits ein paar alte Männer Boule spielen.

Der Unterhaltungswert einer solchen Partie, bei der zwei oder mehr Mannschaften versuchen, ihre jeweils 900 Gramm schweren Eisenkugeln möglichst nahe an eine kleinere aus Buchsbaumholz zu werfen oder zu rollen, ist enorm. Es wird laut geredet und gerufen, jeder Wurf wird diskutiert und analysiert. Rauchen, trinken, lachen, lästern. Alles ist erlaubt, alles gehört zum Spiel. Genau so stellt man sich den Süden Frankreichs vor. ■

Der Tag am Fluss endet mit einem grandiosen Sonnenuntergang.

SÜDFRANKREICH: DAS IDEALE ZIEL FÜR DEN ERSTEN (ODER LETZTEN) TRIP IM JAHR

SO KOMMEN SIE HIN

Ab Mühlhausen über die Autobahn in Richtung Lyon und weiter über die A7 (»Autoroute du Soleil«) bis zur Ausfahrt Bollène. Wenn in den Alpen noch tiefster Winter herrscht, präsentiert sich diese Strecke durch das Rhonetal in aller Regel bereits trocken und salzfrei, die Anfahrt gelingt dementsprechend ohne Sorgen um den Zustand des Klassikers. Die im Text beschriebene Strecke entlang der Schlucht beginnt bei Saint-Martin-d'Ardèche.

WAS SIE WISSEN SOLLTEN

Der Süden Frankreichs empfiehlt sich klimatisch als nahezu perfektes Ziel für eine erste Ausfahrt im Jahr. Spätestens ab April ist das Wetter dort relativ stabil und das Klima vergleichsweise mild. Das Beste: In dieser Jahreszeit sind die Straßen leer, während in den Sommermonaten hier Hochbetrieb und bisweilen sogar Stau herrschen. Ausführliche Infos und Hoteltipps: www.france-voyage.com

DORT SCHLAFEN SIE

Überraschend viele Hotels halten zwischen November und Mai Winterpause. Der besondere Hoteltipp: »Hôtel l'Escarbille« in Saint-Martin-d'Ardèche, www.hotel-restaurant-lescarbille.com. In der »Olivenöl-Metropole« Nyons (circa 50 Kilometer östlich der Rhone) empfiehlt sich das »Hôtel La Picholine« in zentraler Lage. www.hotelpicholinenyons.com

DAS SOLLTEN SIE LESEN

Jeder namhafte Reisebuchverlag hat mindestens einen guten Südfrankreich-Führer im Angebot, sodass hier der persönliche Geschmack entscheiden sollte. Ein Buch wollen wir Ihnen aber nicht vorenthalten: »Wild Swimming Frankreich« von Daniel Start. Hier geht es ausschließlich um »wilde« Badestellen – zumeist in Frankreichs Süden (auch entlang der Ardèche) – und wie man sie findet. Preis: 29,95. Infos: www.haffmans-tolkemitt.de

DIE FAHRZEUGE

Mercedes-Benz SLK 230 K
Eckdaten: Vierzylinder-R-Motor, 2295 cm^3, 193 PS, 1325 kg, 231 km/h, 1996 bis 2004
Preis: 9.000 Euro (guter Zustand)
Charakter: Solider Roadster mit Blechklappdach, toller Fahrkomfort, als 230 K sehr sportlich, alltags- und reisetauglich

Porsche Boxster
Eckdaten: Sechszylinder-Boxermotor, 2687 cm^3, 220 PS, 1260 kg, 250 km/h, 1996 bis 2004
Preis: ca. 25.000 Euro (guter Zustand)
Charakter: Absolut alltaugstauglicher Sportwagen, tolles Handling, hochkarätige Porsche-Technik zum Discount-Tarif

FRANKREICH

ENDLICH FRÜHLING

Im März nach Südfrankreich? Für einen SLK und einen Boxster erwartungsgemäß kein Problem. Und ja, diese beiden werden ihren Weg als Klassiker machen. Weil sie viel Fahrspaß und viel Roadster-Feeling bieten.

TEXT: *Michael Schröder* **FOTOS:** *Arturo Rivas*

Gordes zählt zu den schönsten Dörfern der Provence.

Der Col de l'Espigoulier entpuppt sich als geniale Kurventrasse.

Eine Kröte mussten wir schlucken: die Anfahrt. Genau 884,4 Kilometer von Stuttgart bis in den Ort Gordes, der mitten in der Provence etwa auf der Höhe von Avignon liegt. Morgens um sechs auf die Bahn, ein zweites Frühstück bei Besançon, einen Automatenkaffee und ein Sandwich bei Lyon, Ankunft schließlich um 16 Uhr – es gibt sicherlich Angenehmeres, als den ganzen Tag auf einer bolzgeraden Autobahn zu verbringen.

Ob sich denn dieser Aufwand überhaupt gelohnt hat, wollen Sie jetzt wissen? Schauen Sie einfach auf die Bilder dieser Geschichte: bestes Wetter, leere Straßen und Temperaturen von bis zu 20 Grad in der ersten Märzwoche (okay, wie warm es war, können Sie auf den Aufnahmen natürlich nicht sehen). Aber Sie verstehen sicherlich auch so, warum unser Kollege Tobias Beyl von der Motor Klassik-Schwesterredaktion MOTORRAD und ich morgen früh gleich wieder losfahren würden.

Doch nun zum Wesentlichen – unseren Autos für diese erste große Ausfahrt im Jahr: einem Mercedes-Benz SLK 230 Kompressor und einem Porsche Boxster, quasi die Stars der Roadster-Szene ab der zweiten Hälfte der 90er-Jahre. Und jedes Modell obendrein ein Bekenntnis: SLK oder Boxster, ein Dazwischen gab es nicht. Das wäre, wie Pepsi oder Coke gleich gern zu trinken oder im Duell Bayern gegen Gladbach beiden Mannschaften die Daumen zu drücken. Nein, man musste sich schon für eine Seite entscheiden.

SLK und Boxster stehen sich allein technisch schon ziemlich unversöhnlich gegenüber. Hier ein kompressorgeladener Vierzylinder-Frontmotor-Zweisitzer mit einem ingeniösen Falt-Hardtop, dort ein Sechszylinder-Mittelmotor-Stoffdach-Cabrio, das die Lehre der reinen Sportlichkeit zitiert. Beide fahrerisch zweifellos von großem Reiz, der Porsche preislich jedoch deutlich oberhalb des Mercedes angesiedelt. Der Grundpreis des Mercedes SLK 230 Kompressor lag 1996 bei 60 950 Mark, während der Basis-Boxster 76 500 Mark kostete. Und wer ein Hardtop wollte, musste noch einmal 3900 Mark drauflegen.

Gilt zu Recht als Frankreichs schärfste Küstenpanorama-Trasse: die Route des Crêtes zwischen Cassis und La Ciotat. Knapp 400 Meter über dem Meer, dazu ein paar nette Kurvenkombinationen – eben das perfekte Ziel für einen Trip hinunter in die Provence

Wer hier unterwegs ist, sollte eine gute Karte an Bord haben, am besten im Maßstab von 1:200 000 – und nur von Michelin.

Heute haben sich zumindest die preislichen Differenzen gelegt: SLK und Boxster rangieren auf dem Gebrauchtmarkt fast schon auf Augenhöhe.

HINUNTER AN DIE KÜSTE

Zurück nach Frankreich, genauer: nach Gordes. Es zählt zu den schönsten Dörfern der Provence und ist im Sommer hoffnungslos überlaufen. Anfang März darf man jedoch selbst hier froh sein, überhaupt ein geöffnetes Hotel oder Restaurant zu finden – die Saison beginnt erst wieder im Mai. Dass wir hier unser Basislager aufgeschlagen haben, hat gleich mehrere Gründe: Zum einen sortieren sich rund um diesen Ort die schärfsten Strecken in der Provence, denn nördlich locken der Mont Ventoux, im Süden der Luberon und die Mittelmeerküste. Zum anderen verfügt unserer Gastgeber Jean-François Favelier mit seiner »Villa Hautvallon« nicht nur über ein einmalig schönes Landhotel inmitten eines parkähnlichen Gartens, sondern auch über eine ansehnliche Klassikersammlung, die allein schon Gesprächsstoff für viele Abende bietet.
Ob ein SLK oder ein Boxster aus seiner Sicht das Zeug zum Klassiker habe? Unser Hausherr ist angesichts der hohen Stückzahlen skeptisch, findet an den zwei Cabrios, die sich im frühen Morgenlicht im Hof für eine Ausfahrt vorbereiten, dennoch Gefallen: »Die beiden Ausbuchtungen auf der Motorhaube des Mercedes erinnern immerhin an dessen Ahnen, den 300 SL.«
Angesichts der Wolken rund um den nahen Mont Ventoux entscheiden wir uns für einen Trip hinunter an die Küste bis Cassis, uns lockt die Route des Crêtes, die sicherlich spektakulärste Küstenstraße Frankreichs. Das erste Duell gewinnt der Porsche noch vor der Abfahrt: Seine Stoffkapuze öffnet sich in zwölf Sekunden, während das SLK-Klappdach für diesen Vorgang 25 Sekunden benötigt.
Mercedes-Fans nehmen diesen kleinen Zeitnachteil jedoch gelassen. Sie schätzen vielmehr, dass dieser ausgetüftelte Dachmechanismus die Vorzüge eines Coupés mit denen eines Cabrios vereint und Schluss mit lästigen Windgeräuschen oder alternden Verdecken macht. Damals die eigentliche Attraktion des neuen Autos, denn so etwas hatte es in dieser Perfektion bis dahin noch nicht gegeben.
Bei geöffnetem Dach reduziert sich das Kofferraumvolumen des SLK allerdings von 348 auf bescheidene 145 Liter, für Sportwagenfans dürfte die Größe des Laderaums bei einer Kaufentscheidung jedoch kaum ernsthaft eine Rolle spielen. Der Porsche bietet mit seinen beiden Hohlräumen in Heck und Bug allerdings ausreichend Platz für das Gepäck von zwei Personen, egal ob diese mit offenem oder geschlossenem Dach unterwegs sind – ein klarer Vorteil für Reisende.
Wir schlagen Kurs Süd ein, überqueren bei Bonnieux den Luberon, haben gut eine Stunde später Aix-en-Provence passiert. Die beiden Roadster fallen auf, kassieren viele freundliche Blicke. Erfolgsmodelle, keine Frage, und besonders Porsche war auf ein solches angewiesen: Die Zuffenhausener Sportwagenschmiede ist – heute kaum vorstellbar! – zu Beginn der 90er-Jahre quasi pleite. Es fehlt an einem Auto, das wieder Geld in die Kassen spült, einem Sportwagen unterhalb des Elfer, der neue Käuferschichten ansprechen soll. Die erste Boxster-Studie, 1993 in Detroit präsentiert, zeigt einen kompakten und puristischen Sportwagen, eine Mischung aus Speedster und Spyder.
Als der neue, von Porsche-Chefdesigner Harm Lagaay gezeichnete Roadster (Typ 986) drei Jahre später auf die Straße kommt, hat er erwartungsgemäß zugenommen, wirkt pummelig, und viele finden sein Design fladig, das Gesicht zu triefäugig. Schlimmer: Das Auto wird vom ersten wassergekühlten Boxermotor des Hauses Porsche angetrieben – der ein Jahr später auch im 996 zum Einsatz kommt. Aber das ist natürlich eine andere Geschichte.
Um es kurz zu machen: Der Porsche-Roadster verkauft sich aus dem Stand heraus besser als erwartet. Anfangs mit einer 204 PS starken 2,5-Liter-Maschine, ab 1999 mit 220 PS aus 2,7 Litern Hubraum. Gleichzeitig wird das billig anmutende Interieur der ersten Boxster-Auflage aufgewertet,

sehr gut auch an unserem Fotomodell, Jahrgang 2000, zu erkennen. Doch auch der SLK (R 170) hat einen Job zu erledigen: Er soll Mercedes vom Image befreien, eine Marke nur für grau melierte Hutträger zu sein. Die Idee zu diesem Auto stammt bereits aus dem Jahr 1989, doch erst unter Dieter Zetsche, ab 1992 Entwicklungschef bei Mercedes, nimmt der Roadster mit dem Variodach Gestalt an.

Dessen endgültige Form stammt von Michael Mauer (heute Porsche-Designchef), und dem Mann ist wahrhaftig ein Kunststück gelungen: Man sieht dem Sportwagen aus keiner Perspektive an, dass dessen Basis die biedere C-Klasse der Baureihe W 202 ist. Sonst wäre die erste Auflage des SLK wohl auch nicht der Bestseller geworden, der mit 311.222 verkauften Exemplaren den Mazda MX-5 vom Thron gestoßen hat.

EIN TRAUM VON EINER BERGSTRASSE

Weiter in Richtung Mittelmeerküste. Warmer Wind weht durch die Cockpits, und wir haben Anfang März natürlich nicht an Sonnencreme gedacht. Egal, denn vor uns erstreckt sich die Auffahrt zum Col de l'Espigoulier. Eine Bergstraße wie ein achtlos hingeworfenes Tau mit unzähligen Kurven und Kehren und nur einer kniehohen Mauer als Schutz vor dem Abflug in die Tiefe – die Dramaturgie dieser »nur« 725 Meter hohen Trasse kann es locker mit jedem Alpenpass aufnehmen (siehe Bild rechte Seite).

Die beiden Roadster stürmen hinauf, fühlen sich sofort in ihrem Element. Offensichtlich lassen sich ein SLK oder ein Boxster durch kaum etwas aus der Ruhe bringen, kein Zittern und kein Schütteln, selbst auf Querfugen – beide wirken so stabil und verwindungssteif, als wären sie aus einem Stück gegossen, und überzeugen selbst im besten Youngtimer-Alter durch ein handliches und gleichzeitig narrensicheres Fahrverhalten. Lenkung, Federung oder Bremsen? Alles hoch motiviert und voll bei der Sache. Man muss am Steuer des Porsche nicht einmal mehr Angst vor der Hinterhältigkeit eines Mittelmotorsportlers haben: Selbst im Grenzbereich bleibt dieser Roadster erstaunlich gutmütig.

Obwohl unser SLK mit dem 193 PS starken 2,3-Liter-Kompressor-Vierzylinder – der bis 2000 stärksten SLK-Version – über 27 PS weniger Leistung als der Boxster verfügt, bleibt Tobias mit dem Mercedes lange auf Augenhöhe. Das Geheimnis des Mercedes: Drehmoment. Der aufgeladene Vierzylinder zieht schon bei niedrigen Touren wie der oft zitierte Büffel – ein klarer Vorteil auf diesem Bergparcours, trotz Fünfgangautomatik. Beim Schalter wäre der Unterschied noch geringer.

Fahrzeugtausch auf der Passhöhe, wo der Blick hinunter bis in die Millionenmetropole Marseille und weit übers Meer reicht. Im schmaleren Mercedes ist es erwartungsgemäß enger als im Porsche, und man sitzt zudem etwas höher. Auch bietet die Boxster-Garnitur etwas mehr Seitenhalt, aber wir jammern hier auf hohem Niveau. Denn der SLK fühlt sich wie ein gut eingelaufener Turnschuh an, bequem und zu allem bereit. Heute Nacht noch zurück nach Deutschland fahren? Weder im Mercedes noch im Porsche ein Problem.

30 PROZENT STEIGUNG

Aber wir wollen ja auch noch gar nicht nach Hause, sondern ans Meer, das sich auf dem Weg hinunter nach Cassis bereits durch einen leichten Salzgeruch im Fahrtwind ankündigt. Knapp 20 Grad. Damit ist es sogar noch eine Spur wärmer als oben auf dem Pass. Und daheim in Stuttgart ist Regen angesagt.

Eine letzte Steigung – 30 Prozent, da können nicht einmal die steilsten Alpenpässe mithalten! –, dann rollen die beiden Roadster über die Route des Crêtes, hangeln sich entlang einer schmalen Straße an Frankreichs höchster Steilküste von einem Aussichtspunkt zum nächsten, erreichen kurz vor dem Felsen Cap Canaille schließlich den höchsten Punkt dieser Trasse. 400 Meter direkt über dem tiefblauen Meer – und hinter jeder Ecke ein Panorama der Superlative (siehe auch Bild vorherige Doppelseite). Natürlich war es gut, loszufahren. Was für eine Frage! ■

DIE PROVENCE – PERFEKTES REISEZIEL FÜR FRÜHJAHR ODER HERBST!

SO KOMMEN SIE HIN

Wenn Sie im Herbst oder im Frühjahr in den Süden Frankreichs reisen wollen, werden Sie kaum über die Alpen fahren können. Besser, weil schnee- und salzfrei, ist dann natürlich die mautpflichtige Autobahn ab Mühlhausen in Richtung Lyon und dort entlang der A7 weiter in Richtung Süden. Den im Text erwähnten Ort Gordes erreichen Sie über die Ausfahrt Avignon-Sud. Als Standort für Touren durch die Provence übrigens eine gute Wahl.

WAS SIE WISSEN SOLLTEN

Bereits Ende August beginnt in der Provence die Nebensaison, und spätestens im Oktober hat man dann die meisten Straßen für sich allein – was natürlich auch für das Frühjahr gilt. Das Beste: Bereits ab März herrschen am Mittelmeer in der Regel milde Temperaturen. Spätestens ab Mitte Juni wird es eng, dann steht man auf der im Text erwähnten Route des Crêtes sogar im Stau.

DORT SCHLAFEN SIE

An Hotels in allen Preiskategorien herrscht in der Provence kein Mangel, viele Unterkünfte sind ab Herbst bis ins Frühjahr jedoch geschlossen. Unser Tipp für Gordes: Die »Villa Hautvallon« mit zehn Zimmern – Ambiente und Service sind kaum zu überbieten. Besitzer Jean-François Favelier ist zudem großer Klassiker-Fan. Infos: www.villa-hautvallon.com

DAS SOLLTEN SIE LESEN

Natürlich lässt sich heute jede Reise online planen, und sämtlich Infos sind von unterwegs natürlich rund um die Uhr digital verfügbar. Dennoch haben gute Reiseführer in Buchform durchaus ihre Berechtigung. Klasse gemacht sind die Provence-Führer von Reise Know-How und von Michael Müller. Ebenfalls ein Tipp: der handliche Führer »Provence« aus der Serie Marco Polo, der in jedes Handschuhfach passt.

ITALIEN

DAS FAHRZEUG

Alfa Romeo Giulia Super 1.3

Eckdaten: Vierzylinder-Reihenmotor, 1290 cm³, 89 PS, 1010 kg, 165 km/h, 1972 bis 1974

Preis: ca. 20.000 Euro (guter Zustand)

Charakter: klassisch-schöne Limousine mit einem überraschend sportlichen Wesen, sympathischer Alltagsklassiker

EIN TAG AM MEER

Regen und Kälte in Deutschland? Wir hätten da einen Tipp parat: die ligurische Küste, die zum Schönsten zählt, was Italien zu bieten hat. Die Geschichte einer nicht alltäglichen Probefahrt in einer Giulia.

TEXT: *Michael Schröder* **FOTOS:** *Arturo Rivas*

Villen, die sich in abenteuerlichen Wohnlagen in den Fels krallen. Zum Neidischwerden.

Steile Hänge und idyllische Buchten prägen das Bild der ligurischen Küste.

Portofinos Flaniermeile ist ein exklusives Refugium: Sechs Euro fünfzig für einen Espresso – so mutig ist man nicht einmal in den Cafés rund um die Piazza del Campo in Siena. Doch dafür sitzen der Bonner Oldtimer-Spezialist Hartmut Stöppel und ich draußen vor einer schicken Bar, in der kürzlich auch Popstar Madonna zu Gast war, und blicken auf einen Mini-Hafen, der als Juwel unter den Fischerdörfern gilt: Das Bild von der bunten Häuserfront am Ende der von immergrünen Berghängen gesäumten Bucht dürfte in jeder Pizzeria zwischen Alaska und Australien hängen. Und natürlich haben die Amerikaner diesen Ort längst nachgebaut – als Attraktion für einen Vergnügungspark. Da nörgelt man besser nicht wegen ein paar Euro herum.

Im Herbst, sobald Portofino sein schrilles Partykleid abgelegt hat, entpuppt sich der Nobelort als überraschend charmante Enklave. Keine Spur mehr von den Reichen und Schönen, die diesem makellosen Flecken ihren exklusiven Stempel aufgedrückt haben. Für ein paar Monate gehört Portofino wieder seinen rund 500 Einwohnern, und Stöppel und ich ertappen uns dabei, dass wir den Moment der Abfahrt wieder und wieder aufschieben.

Schließlich können wir uns doch noch aufraffen, schlendern über die nette Via Roma zur Piazza della Libertá. Dort steht das Auto, mit dem wir entlang dieser grandiosen Küste hinunter bis Cinque Terre fahren wollen: eine Giulia Super 1.3, Baujahr 1973. Stöppel hat diesen Alfa soeben ganz in der Nähe gekauft, ein bildhübsches Fahrzeug aus erster Hand, das sich bis in die letzte Schraubenspitze offensichtlich in einem erstaunlich guten unrestaurierten Originalzustand befindet. »Nach so einem Auto muss man schon eine ganze Weile Ausschau halten«, erklärt der erfahrene Händler. Und strahlt, weil bei seinem Fund weder die Bedienungsanleitung noch das vollständig ausgefüllte Service-Heft fehlen.

Noch vor dem ersten gefahrenen Kilometer spüren wir, dass die Anziehungskraft einer Giulia bis heute ungebrochen ist. Dort, wo sie parkt, stiehlt sie anderen die Schau, und in Portofino zählen rasch ein paar neuere Ferrari und Porsche zu ihren Opfern. Der Farbton Verde Pino steht der kantigen Limousine zudem außerordentlich gut. Stöppel hätte am liebsten noch den tadellosen Lack von seiner feinen Staubschicht befreit und poliert.

Ein paar Minuten später sind wir endlich unterwegs. In ungezählten Kurven hangelt sich der schmale Weg entlang der zerklüfteten Geografie von Portofino nach Rapallo und lässt dabei nie das Meer aus den Augen. Durch die leicht geöffneten Fenster weht ein Hauch von Frühling, obwohl der Winter erst noch bevorsteht. Rosafarbene, pistaziengrüne und zitronengelbe Häuser und Villen leuchten links zwischen Pinien hervor. Gleichermaßen abenteuerliche wie exklusive Wohnlagen im Hang, die wohl nur über Stege und Treppen zu erreichen sind.

GRANDIOSE PANORAMASTRASSE

Die Straßenführung ist auf jeden Fall herausragend, und es macht einen Heidenspaß, der Giulia zuzusehen, wenn sie an besonders schönen Stellen für den Fotografen eine weitere Runde dreht. Die eckige Front mit den markanten Doppelscheinwerfern, die bis zum Auftritt der Giulia Super 1.3 im Jahr 1972 den seit 1962 gebauten 1600er-Modellen vorbehalten waren, zählt klar zu den attraktivsten Gesichtern der 60er- und 70er-Jahre.

In Rapallo gleitet der Alfa entspannt über die palmengesäumte Uferpromenade, passiert im mondänen Seebad prächtige Villen und Hotels aus der Zeit um die Jahrhundertwende. 89 PS aus 1300 Kubikzentimetern Hubraum genügen einer Giulia offensichtlich noch immer, um relativ entspannt in die Meute moderner Klein- und Mittelklassewagen einzutauchen. Die Mischung aus Drehfreude und dem Alfa-typischen brummigen Klang macht an – man möchte sich am liebsten persönlich bei den Konstrukteuren bedanken, die es besser als andere verstanden haben, eine schlichte Limousine mit einem Hauch Sportwagen-Atmosphäre zu versehen. Ein dreispeichiges Holzlenkrad zählt ebenso dazu wie die beiden großzügigen Rundinstrumente für Geschwindigkeit und Drehzahl sowie die beiden Zusatzuhren für Wassertemperatur und Öldruck.

Sestri Levante mit seiner kleinen Traumbucht Baia del Silenzio rauscht vorbei, kurz darauf müssen wir 20 Minuten warten, bis uns die Ampel vor einem fünf Kilometer langen Tunnel die Durchfahrt in unsere Richtung gestattet. Ein paar Galerien erlauben den Blick aufs Meer und die Felsenküste, die keinen Platz für eine andere Straßenführung gestattet – ein kleiner Vorgeschmack auf die Region Cinque Terre. Denn erst als sich der Weg hinter Levanto steil bergan schlängelt und gut 300 Meter über der See in eine der grandiosesten Panoramastraßen Europas übergeht, hat das an landschaftlichen Reizen sicherlich nicht arme Ligurien sämtliche Register gezogen. Über 15 Kilometer brandet das Meer an eine unwirklich schöne Steilküste, in deren Ritzen sich weit unten in der Gischt fünf verschachtelte Dörfer krallen: die Cinque Terre (»fünf Dörfer«, wörtlich: »fünf Welten«) – jedes für sich ein architektonisches Kunstwerk und für den Verkehr gesperrt.

Man erreicht sie am besten zu Fuß oder per Bahn, deren Schienen direkt am Wasser entlang verlaufen. Diese einmalige Trasse am oberen Rand des Küstengebirges, über die die Giulia nun rollt, wurde erst in den 1960er-Jahren verlegt. Und sie kommt über die gesamte Distanz in dieser von der UNESCO zum Weltkulturerbe erklärten Region ohne eine nennenswerte Gerade aus.

Oben: die Strecke zwischen Portofino und Rapallo. Unten: der Hafen von Santa Margherita Ligure.

Italien wie im Bilderbuch – überraschend sportlich geht es mit der Giulia die Serpentinen hinauf.

Genial, denn sonst wäre dieser Giulia vermutlich auch sterbenslangweilig. Sie steht nun einmal auf Kurven und Kehren und lässt sich spielerisch hin und her dirigieren. Das Fahrwerk des 53 Jahre alten Wagens mit Einzelradaufhängung vorn und einer gutmütigen Starrachse hinten vermittelt dabei einen erstaunlich frischen Eindruck.

Nach zwei herrlichen Turns zwischen Dorf Nummer eins (Monterosso) und Dorf Nummer fünf (Riomaggiore) entpuppt sich Dorf zwei als unser Favorit: Vernazza, eine weit unten verwegen auf einem Felsen im Meer errichtete Trutzburg, die sich sichelförmig um ihren kleinen Hafen schmiegt (siehe Aufmacherseite). Die Hänge zu unseren Füßen sind wie überall in Cinque Terre mit Wein bepflanzt, eine fast senkrechte terrassierte Kulturlandschaft, die von uralten Steinmauern in Form gehalten wird.

Die Schönheit dieses Landstrichs macht für einen kurzen Moment sprachlos. Unser aus Mexiko stammender Fotograf Arturo Rivas redet seit einigen Stunden ohnehin nur noch das Nötigste. Wir ertappen uns ein weiteres Mal dabei, dass wir die Abfahrt, die genau genommen unsere Heimfahrt ist, wieder und wieder aufschieben. ■

ITALIENS TRAUMKÜSTE

SO KOMMEN SIE HIN

Die schnellste Anreise aus dem Norden in Richtung Ligurien verläuft über Mailand und von dort nach Genua. Ab der Hafenstadt lohnt es sich, in aller Ruhe die Küste in südöstliche Richtung abzufahren, wobei Orte wie Rapallo, der kleine Jetset-Hafen Portofino oder Sestri Levante bereits zu den Höhepunkten zählen. Südlich von Levanto dann der Teil, der auf den Namen Cinque Terre hört und durch den eine hoch über dem Meer gelegene Panoramastraße führt. Die fünf abgelegenen Dörfer sind allerdings nur schwer zugänglich und für Touristen nicht mit einem Auto zu erreichen, jegliche Fahrzeuge müssen relativ weit außerhalb und zudem gebührenpflichtig geparkt werden.

WAS SIE WISSEN SOLLTEN

Liguriens Küste zählt zu den landschaftlichen Highlights im Norden Italiens, entsprechend hoch ist im Sommer der touristische Andrang. Wer kann, kommt bis Juni oder erst wieder ab Mitte September. Der spektakulärste Teil der Region hört auf den Namen Cinque Terre, ein etwa zwölf Kilometer langer Küstenabschnitt oberhalb von La Spezia mit fünf wunderschön gelegenen Dörfern. Dieser Teil wurde von der UNESCO zum Weltkulturerbe erklärt.

DORT SCHLAFEN SIE

Streng genommen handelt es sich bei der ligurischen Küste zwischen Ventimiglia im Westen und La Spezia im Süden um eine einzige Aneinanderreihung von Hotels, man ist also auf Gäste eingestellt. In Cinque Terre selbst gibt es etwa 35 Hotels sowie zahlreiche Privatunterkünfte. Die entsprechenden Adressen finden sich unter www.tourismoinliguria.it. Der besondere Tipp des Autors: das Hotel »La Giada del Mesco« bei Levanto, ein kleines Haus in sensationeller Aussichtslage hoch über dem Meer: www.lagiadadelmesco.it

DAS SOLLTEN SIE LESEN

Über Ligurien finden sich zahlreiche Reiseführer für jeden Geschmack, einfach mal in der Buchhandlung stöbern. Ein Tipp wäre allerdings »Cinque Terre/Ligurische Küste« von Christoph Henning aus dem Oase Verlag Badenweiler. Preis: 24 Euro. Infos zur Region unter www.5terre.de

ITALIEN

ALFA & AMALFI

Mehr Italien geht nicht. Die Amalfitana, eine kurvige Küstenstraße über dem Tyrrhenischen Meer, gehört zu den schönsten Strecken des Landes, der erste Alfa Romeo Spider zu den schönsten italienischen Autos – eine perfekte Kombination.

TEXT: *Michael Orth* **FOTOS:** *Thomas Stark, iStock*

DAS FAHRZEUG

Alfa Romeo Spider

Eckdaten: R4-Motor, DOHC, 1779 cm^3, 115 PS, 1010 kg, 187 km/h, 1966 bis 1969

Preis: 30.000 Euro (guter Zustand)

Charakter: Kraftvoll, sportlich schlank und auch mit über 50 noch bestens in Form – ein Alleskönner

Ibsen schrieb hier Dramatisches, Picasso malte, Wagner komponierte, Rossellini drehte.

In Cetara streichen die Fischer ihre Boote, reparieren die Netze – und reden und reden.

Macht er's? Nee, oder? Er bleibt kurz stehen, guckt hoch, als wollte er mit seinem Blick eines gleich klarmachen: Hier bestimme ich, wie die Dinge laufen. So ist es. An ihm ist kein Vorbeikommen. Er dreht eine schnelle Runde um das stehende Auto. Dass der Motor noch läuft, stört ihn nicht. Schließlich bleibt er am Rad hinten links stehen. Und dann macht er's tatsächlich, er hebt ein Bein und pinkelt dem weißen Spider an den Reifen. Bevor irgendwer ihn anmeckern könnte, ist er auch schon fertig und verschwindet wieder.

So regelt Chico das auf seinem Hof, von dem Osvaldo vermutlich behaupten würde, es sei sein Hof, der Parkplatz vor der Töpferei »Ceramiche Sara« in Vietri sul Mare, dem Städtchen, in dem eine Straße beginnt, die immer wieder als eine der schönsten der Welt bezeichnet wird, die Strada Statale 163. Rund 40 Kilometer verläuft sie in östlicher Richtung bis Positano. Meist 100 Meter hoch über dem Tyrrhenischen Meer auf der einen und auf der anderen Seite eng um den Fels schlängelt sich die Amalfitana mal schmal, mal sehr schmal, mal sehr und dann ganz ungeheuer kurvig entlang einer Küste, die seit bald 30 Jahren zu den UNESCO-Welterbestätten gehört.

GLASIERTES MEERESGETIER

Osvaldo Santoriello, der Inhaber der Töpferei, begrüßt das Auto anders als sein Hund. Er habe, sagt er, mit einem Finger auf den Wagen zeigend, mit einem anderen an seine Brust tippend, so einen auch mal gehabt, »und hier auf dieser Straße mit diesem Wagen, mit einem Alfa auf der Amalfitana, das war ein Traum, ein schöner Traum, von dem du willst, dass er nie endet«. Das trifft es ganz gut. Aussteigen, mitkommen, Keramik gucken.

»Kaffee?« Während der Kaffee aus der brummenden Maschine in einen kleinen Plastikbecher dröppelt, steht Osvaldo zwischen glasiertem Meeresgetier und Blumentöpfen, Lampenfüßen und

Lampenschirmen, Vasen und Wandtellern, von denen viele genau das zeigen, was Osvaldo sieht, wenn er aus der Tür guckt: gleich jenseits der Straße die Bucht von Salerno, das Meer, so blau wie oft der Himmel darüber, bunte Häuser, die wie Schachteln an steilen Hängen kleben, Farben, das Knallgelb riesiger Zitronen, das satte Grün der Büsche und Bäume, in einem Licht, das so hell und intensiv ist, dass es einem direkt ins eigene Innere strahlt und dunkle Gedanken genauso verscheucht wie schlechte Stimmung. Es wäre schön, ließe sich dieses Licht einfangen und anders als nur in Bildern von der Amalfi-Küste mit nach Hause nehmen.

»Das Licht«, sagt Osvaldo mit Blick nach draußen, »ist unser Leben. Es ist so schön hier wie nirgends sonst, das Licht und das Leben. Aber es ist auch schwer.« Er würde gerne mitfahren bis Positano, aber er könne leider nicht. Er müsse dabei sein, wenn nach 48 Stunden bei 1000 Grad am Mittag eine neue Tischplatte, gebrannt aus der Lava des Vesuv, aus dem Ofen kommt. Also geht Osvaldo, begleitet freilich von Chico, nur kurz mit raus. »Ich will hören, wie der Alfa anspringt und losfährt.«

Der Vierzylinder möchte ein bisschen Gas beim Starten, dann zündet er sofort und macht sich mit seinem so typischen, melodisch-rauen Doppelnockenklang auf seine Tour Richtung Positano. Das liegt gar nicht so weit weg. 40 Kilometer nur sind es von Vietri aus bis zu dem kleinen Städtchen weiter im Westen auf der Halbinsel von Sorrent. Aber diese 40 Kilometer Straße, gebaut zwischen 1832 und 1850, passen perfekt zu einem Auto wie dem Alfa Spider: eine schöne Aussicht nach der anderen, kein einziger schneller Abschnitt, viele aber kurvig und fahrerisch ein bisschen anspruchsvoll.

Zweiter Gang, dritter Gang, selten und dann für Sekunden nur mal der vierte, eine sehr kurze Gerade oder eher einige Kurven, die sich einsehen und beinahe als Gerade fahren lassen, dann wieder eine dieser zahllosen Felsnasen, um die herum der Asphalt abknickt; zurück in den zweiten Gang, langsam und mit Gefühl, damit das Getriebe nicht kratzt. Ein Auge auf der Straße, eins sieht nach links oben zu einem der Spiegel, die überall an diesen blinden Ecken stehen und in ihrem Glas das verzerrte Bild von dem zeigen, was hinter der Ecke kommt.

Gegenverkehr? Dann Vorsicht. Es irrt in dieser Gegend fast keine Karre ohne Kampfspuren herum, als wäre Feind- oder Felskontakt nur eine Art, seinen Wagen zu individualisieren, so wie Klebeband eine Art ist, ihn zu reparieren. Beides soll dem 1750 Veloce bitte erspart bleiben. Er tastet sich also zurückhaltend um die Scheitelpunkte, manchmal mit wenig mehr als Leerlaufdrehzahl, um dann, egal ob im Zweiten oder Dritten, leicht am Gas ungerührt vom Fleck zu ziehen. Und jedes Mal steigt mit der Drehzahl von ganz unten hoch gemächlich eine stille innere Freude auf, an jeder dieser Ecken wieder neu. Wie gut er das macht und wie einfach er es einem macht, der Spider. Stets ist er präsent, doch eitel in den Vordergrund drängt er sich nie. Allein in Cetara erlaubt er sich ein dezentes Klappern des Blechs, als es über die grob gepflasterte Straße durch die Ortsmitte zum kleinen Fischerhafen geht. Dort findet er für die Dauer eines weiteren Kaffees und dreier Kugeln Eis einen Platz direkt am Anleger. Ein paar Meter weiter weben die Fischer an einem großen Netz, wobei sie eigentlich mit dem Schwatzen mehr beschäftigt sind als mit dem Weben.

Einer von ihnen webt gar nicht, er liegt unter Clara und pinselt ihr den hübschen Bauch, weil sie das »immer wieder braucht, weißt du«. Clara heißt sein Boot. Und dem verpasst Angelo gerade einen neuen Anstrich. »Strahlend weiß«, sagt er. »Dann ist meine Clara bald wieder so schön wie dein Auto.« Über der Wäsche, die zum Trocknen von den Balkonen hängt, meckern die Möwen, die Hitze vertreibt am späten Morgen die letzten Dunstschleier über dem Wasser. »Ihr müsst«, empfiehlt Angelo mit dem Pinsel in der Hand, »bei Antonio vorbeischauen. Das wird euch gefallen. Bestimmt. Also, ihr kommt durch Maiori und Minori,

Können wir für ein Bild kurz hier stehen bleiben? – Mit diesem Auto? Sì, claro!

Die kurvige Amalfitana ist wie gemacht für den Alfa Spider: zweiter, dritter Gang, keine Hetze.

und wenn es vor Atrani rechts hochgeht nach Ravello, dann nehmt den Abzweig, es lohnt sich.«

EIN ORT DES TRAUMS

Die Straße steigt vom Wasser aus steil und in engen Serpentinen den Berg hoch. Lang dauert es nicht, bis rechts der kleine Supermarkt auftaucht, von dem Angelo gesprochen hat: »Da haltet ihr und geht links in die Einfahrt und die Rampe hoch. Antonio wird da irgendwo sein.« Er ist da. Über dem Supermärktchen in einer Halle, die aussieht, als hätte dort vor 20 Jahren jemand Familienfeiern oder Provinzdiscos veranstalten wollen. Aber um die spröde charmante Halle geht es gar nicht. Es geht um das, was Antonio Paolillo dort untergebracht hat: unter vielen anderen einen Fiat 500, einen Abarth, einen Balilla, ein Moto-Guzzi-Galletto-Gespann, irgendeinen Straßenkreuzer, einen roten Alfa Romeo GT Junior, der Blech an Blech mit einer ebenso roten Corvette parkt. Daneben wartet ein Jaguar E-Type – die hintere Scheibe eingedrückt – so lange schon, dass ihm seine Reifen von den Felgen bröseln. Der große graue Austin von 1935 mit seiner Luftfederung und weißen Schleifchen rundum werde immer wieder als Hochzeitswagen genutzt, sagt Antonio. »Und mit dem hier«, er klopft auf das Dach einer Giulietta Spider, »will ich die Mille Miglia fahren, wenn ich ihn restauriert habe.«

Wovon der Mensch so träumt. »Oh, what a View!«, entfährt es einem in Ravello, was für eine Aussicht. Die anderen Senioren aus Northamptonshire tragen Wein in Holzkisten an ihm vorbei zu ihrem Reisebus. Lange vor solchen Touristen waren andere an der Amalfi-Küste, zu einer Zeit, als Mitte des 19. Jahrhunderts Positano, heute weltberühmt und viel gerühmt, noch ein so armes Fischerdorf war, dass sich die Hälfte der Einwohner aus dem Staub machte, die meisten Richtung USA: der Traum vom besseren Leben. Als 100 Jahre später John Steinbeck nach Positano kam, schrieb der in einer Reportage, dies sei »ein Ort des Traums, der nie ganz real ist, solange du dort bist«. Henrik Ibsen schrieb Dramatisches an der Amalfi-Küste, Rossellini drehte Filme, der Schah von Persien flitterte, Picasso malte, Liz Taylor und Richard Burton stritten – oder liebten sich; und Wagner komponierte am »Parsifal«. »Aufritt nach Ravello, über alle Maßen schön«, schwärmte Cosima, Richard Wagners zweite Ehefrau, in ihr Tagebuch. Sie hätten dort Klingsors Zaubergarten gefunden. Sie meinte die Gärten der Villa Rufolo. Die haben ihren Reiz bis heute nicht verloren. Und kommen gegen einen anderen dennoch nicht an: den Reiz nämlich, mit diesem so sorgsam restaurierten Osso di Seppia, dem Tintenfischknochen – so nannten die Arbeiter bei Alfa Romeo den ersten Spider seiner Heckform wegen –, weiterzubummeln Richtung Positano. Noch eine Kurve und noch eine und noch eine, in der Hand das griffige Holzlenkrad, in den Ohren das Grummeln des Motors, in der Nase die salzige Luft vom Meer, in den Gedanken die Pizza am Abend, dazu jede Menge Rotwein. Der Spider bleibt am Hotel, geschlossen über Nacht. Morgen, wenn früh die Sonne wie eine orange Scheibe aus dem Meer auftaucht, wird er sich mit zwei Handgriffen gerne wieder das Verdeck öffnen lassen, dann ein bisschen Gas beim Starten, und wir fahren zum Vesuv. ■

AMALFI-KÜSTE – 50 KILOMETER PURE SCHÖNHEIT

WAS SIE WISSEN SOLLTEN

Meiden Sie den Sommer. Zur Hauptreisezeit ist es in den schönen und bunten, aber engen Orten an der Amalfi-Küste so wimmelig wie in Ameisenhaufen. Entspannender ist eine Tour im Frühjahr oder im Herbst. Dann ist auch die Strada Statale 163 nicht so befahren. Neben den pittoresken Orten ist die Amalfitana eine der Hauptattraktionen der Gegend. Die sehr enge, kurvige Küstenstraße über dem Golf von Salerno gilt als eine der schönsten Straßen der Welt. Zu Recht. Für die 50 Kilometer kann man sich locker mehr als einen Tag Zeit lassen.

SO KOMMEN SIE HIN

Auf Achse ist die Anreise ein langer Ritt, gut 1300 Kilometer sind es auf direktem Weg von Stuttgart aus. Aber mit ein paar Umwegen ließe sich die Fahrt sehr schön als eine Art persönliche Mille Miglia gestalten – über die Alpen, ein Abstecher zu den Cinque Terre Liguriens, Mailand, Rom, die Abruzzen, hin und wieder ein Stück an der Küste entlang, Neapel. Ansonsten: Von den meisten deutschen Flughäfen wird Neapel mehrmals die Woche, teilweise mehrmals täglich, nonstop bedient. Die Flugzeit beträgt ab Frankfurt etwa zwei Stunden, die Preise liegen um 200 Euro. In Sorrent bietet www.spiderlifestyle.com eine Menge nicht allein italienischer Klassiker zur Miete. Tagestarife ab etwa 300 Euro.

DORT SCHLAFEN SIE

Als Ausgangsort für Touren in die Umgebung und an der Küste Richtung Sorrent eignet sich gutVietri sul Mare. Neapel ist in einer Stunde zu erreichen, Pompei in einer halben. In Vietri empfehlen sich etwa die Hotels »La Lucertola«, das »Bristol«, das »Paradiso Relais« oder etwas außerhalb in Cetara das »Cetus«.

DAS SOLLTEN SIE LESEN

Merian hat einen Bildband, Lonely Planet einen Reiseführer zu Neapel und der Amalfi-Küste im Angebot. Zur Einstimmung eignet sich aber auch ein Essay John Steinbecks über Positano zu lesen, beispielsweise unter www.sirenuse.it. Wer noch tiefer eintauchen möchte, dem sei »Costiera Amalfitana – Geschichte einer Landschaft« von Dieter Richter empfohlen (24,00 Euro).

KÄFER AUF ELBA

5.25 Uhr morgens an der Schweizer Verladestation Kandersteg: Herausforderung für den Körper, Aufbruch für die Seele. Ein Zug wird den VW erst mal gen Süden tunneln ...

TEXT: *Peer Günther* **FOTOS:** *McKlein*

DAS FAHRZEUG

VW 1302 LS Cabriolet
Eckdaten: Vierzyl.-Boxermotor, 1584 cm³, 50 PS, 920 kg, 130 km/h, 1970 bis 1972
Preis: 33.000 Euro (guter Zustand)
Charakter: Guter Kumpel für den offenen Genuss, entschleunigt, dank Drei-Lagen-Verdeck nicht nur zur Sommerzeit

Elbas Küstenstraße am Madonnina di Punta Nera. Geschlitztes Frontblech könnte Öhlkühler verbergern.

Club 64, wohl 1964 erste Disco Italiens. Hang-out der Rallyefahrer nach der Siegerehrung.

Den Blick vom Simplon direkt nach Elba gerichtet. Zuerst nur auf der Landkarte.

Als auf der 1995 Meter hohen Simplon-Passhöhe eine italienische Stimme mit »Solo Bella Musica« aus der hier eher dürftigen Auswahl von Radiosendern ertönt, ist die Stimmung gesetzt: Das 71er VW 1302 LS Cabrio, bislang mit dem Anstieg schwer beschäftigt, schnurrt nun wie ein Uhrwerk den Pass hinab gen Süden. Ab jetzt geht es im Käfer gefühlt nur noch zu Sonne, Meer, Pasta und Wein.

Vor Genua schon kurze Blicke auf das Mittelmeer, Ansporn und Verheißung zugleich. Immerhin haben wir hier die Hälfte der 650 Kilometer langen Strecke seit dem Schweizer Örtchen Spiez hinter uns. Über die inzwischen wieder aufgebaute Morandi-Brücke geht es nun auf die italienische Staatsstraße 1. Es ist jene legendäre Via Aurelia, auf der schon zwischen Rom und Ventimiglia der Verkehr abgewickelt wurde, als Tunika und Sandalen den müden Wanderer kleideten, der den Dortigen noch nicht erzählen konnte, dass in den Fünfzigerjahren des 20. Jahrhunderts bedeutende Lancia- Modelle den Namen Aurelia tragen würden.

Eine Autogrill-Station reizt zum Einkehrschwung, der Käfer wird nachgetankt, eine Brioche und die erste Cioccolata Calda, jenes heilige, puddingartige Getränk der Nicht-Cappuccino-Fraktion, wird rührend genossen.

EIN SCHIFF WIRD KOMMEN

Die Fähre nach Elba ist eine jener heiklen Konstruktionen, in deren Bauch die gesamte Kavalkade der hereinströmenden Pkw einen U-Turn fahren darf, um sie wieder dort verlassen zu können, wo sie hereingefahren ist. Wir stehen am Ende des so ge-

bildeten »U-Staus«, das Verdeck bleibt allerdings noch zu, denn das Oberdeck über uns ist weder blick- noch tropfdicht.
Die Überfahrt von Piombino nach Portoferraio dauert eine Stunde und durchkreuzt das Tyrrhenische Meer mit kleinen Inseln in Sichtweite. Während die 54 Jahre alte Käfer-Technik nicht nur läuft und läuft, sondern auch ohne Mühe wieder anspringt, verweigert ein weiter vorn stehender Pkw aus deutschen Landen mit einem E am Schluss des Kennzeichens den Start. Unruhe macht sich breit. Mit hektischen Vor- und Zurückbewegungen werden die Fahrzeuge in italienischer Manier an dem Havaristen vorbeimanövriert. Ein älteres Ehepaar mit hochroten Köpfen lassen wir neben diesem mit ihrer Verzweiflung in der Fähre zurück. Portoferraio, Ankunftshafen der Elba-Reisenden, empfängt uns gleich mit dem Fahrerlager der aktuellen, 58. Rallye dell'Isola d'Elba, zwar ungeplant, aber sofort ein Ort des Austauschs. Während heute die Werkswagen von Citroën (C3), Skoda (Fabia RS) und Hyundai (i20) diesen Europameisterschaftslauf dominieren werden, waren 1973 als sichere Sieger aus dem Agnelli-Imperium Lancia Fulvia und Fiat 124 Abarth gesetzt. Aber es sollte anders kommen ...
Zum Abschluss des Tages durchqueren wir die Insel im warmen Abendlicht 28 Kilometer in Ost-West-Richtung nach Pomonte. Dort endet der Reisetag bei Laurenzo und Serena in ihrer Pomonts Bar an der Piazza Santa Lucia. Knisternd parkt der Käfer nach eindrucksvoll unter Beweis gestellter Langstreckentauglichkeit unter einer Laterne.
Obwohl mich die Straßenkarte »Elba« (so was gibt es selbst im gut sortierten Buchhandel inzwischen nur noch auf Bestellung!) als Ex-Pfadfinder auf die topografischen Höhenunterschiede hingewiesen hat, sind wir zwischen dem zweiten und dritten Gang über die steil aufsteigenden Berge mit ihren herrlichen Anstiegen doch überrascht. Die überschaubar große Insel – eine Umrundung sind gerade mal 115 Kilometer – hat viele schroffe Gegenden, wo die Straßen durch urwüchsige Vegetation führen. Neben dem Schilf, das sich im Wind wiegt, und einer Vielzahl unbekannter Pflanzen erleben die Sinne eine Komposition betörender Düfte, die ungefiltert in den offenen Käfer hereinströmen. Dazu die kleinen Bars, die einen magisch anziehen und mit Pasta oder Gebäck locken.

TOLLE AUSBLICKE, AUCH NACH HINTEN

Der erste Inselmorgen empfängt uns sonnig. Also wird das Verdeck zurückgeschlagen und in die dafür vorgesehene Hülle gepackt. Für alle, die mit dem Käfer-Cabrio noch nicht das Vergnügen hatten: Die mittlere Welle des Verdecks nach hinten rausziehen (!), damit es flacher aufliegt, dann runterdrücken und in die beiden seitlichen Haken mit etwas Gewalt einrasten lassen. Oder, wie es die Bedienungsanleitung formuliert: »Verdeck zusammendrücken, bis die Verdeckschnapper einrasten. Dann die Verdeckhülle mit den vorgesehenen Druckknöpfen befestigen.«
So, genug der Klugscheißerei? Nein, da ist noch die Geschichte mit dem Innenspiegel. »Beim Cabriolet ist der Innenspiegel durch Drehen um 180 Grad auch in der Höhe verstellbar, sodass auch bei geöffnetem Verdeck gute Sicht nach hinten besteht.« Der vorher noch neu eingebaute Innenspiegel erweist sich zwar als um 180 Grad dreh-, durch ein zu dickes darüberliegendes Beleuchtungsglas aber als nicht funktionsfähig. Nun ja, wenn Reproteile gedankenlos nachgebaut werden ...
Zurück nach Elba. Auf der Piazza von Pomonte bekommen wir beim lokalen Bäcker, der sein Handwerk schon seit 50 Jahren jeden Morgen um 2.30 Uhr beginnt, den inseltypischen »Schiaccia briaca«, übersetzt »betrunkener Fladen«, ein Hefegebäck, das mit Walnüssen, Pinienkernen und Sultaninen bestreut und mit dem Aleatico-Dessertwein und etwas Likör verfeinert wird. Ein Traum in leichtem Rosa!

Sonnenuntergänge an der Westküste Elbas: einzigartig! Und Korsika sieht zum Greifen nahe aus.

Kurzzeitig geschlossen am Strand von Marina di Campo

Ersatzrad immer kontrollieren, der Reifendruck transportiert beim Käfer Scheibenwasser!

Uns reizt nun die Erkundung von Inseltypischem und Rallyetauglichem. Auf der Sonderprüfung von Marciana Marina durch das Städtchen Poggio nach La Pila entdecken wir schon mit »Zona Pericolosa« markierte Abschnitte der 1973er- und aktuellen Wertungsprüfung, die am nächsten Tag hier gefahren werden soll. Dazwischen: versteckte Bauernhöfe, alles weit weg vom hektischen Leben. Wenn allerdings die Rallye Elba ansteht, dann stehen gefühlt alle an der Strecke, bejubeln ihre lokalen oder die internationalen Stars. 1973 war die Rallye von Zeitkontrolle zu Zeitkontrolle eine echte Herausforderung. Enge Kehren, starke Anstiege und noch nicht asphaltierte, schmale Schotterwege kamen den Salzburger Rallye-Käfern (siehe »Historie«) damals zugute.

JUBELNDE KÄFER, WEIN UND MEER

Berge – höchster ist mit 1019 Metern der Monte Capanne – türmen sich beim Durchqueren der Insel überall auf, unser Käfer muss nach der einen oder anderen Kehre seine Kraft aus dem ersten Gang schöpfen. »Ein Käfer muss jubeln«, lautete früher das Motto von VW-Fahrern. Einen Drehzahlmesser gab es serienmäßig nie, nur im Zubehör, allerdings hatte sein Einbau zur Folge, dass man auf den Lautsprecher links neben dem Tacho verzichten musste. Oettinger-getunte Käfer verfügten meist über den Tourenzähler, die klare Anweisung von Chef Gerhard Oettinger gab es direkt dazu: »Nie über 5500 U/min!« Wer das missachtete, war sehr schnell wieder bei ihm in Friedrichsdorf, meist auf dem Rücken eines Abschleppers.

Während die Straßen das ein oder andere Schlagloch parat halten, ist der Ausblick umso faszinierender. Korsika ist im Hintergrund zu erkennen, genau wie eine Anzahl von langsam vorbeiziehenden Kreuzfahrtschiffen.

Im Osten der Insel sind wir mit Dimitri Galetti verabredet, dem lokalen Weinanbauer in dritter Generation und Patron des Restaurants Montefabbrello. Er zeigt uns seine Weinberge, die teilweise in direkter Nähe des Meeres liegen, und macht uns vertraut mit dem hier angebauten Ansonica, einem Weißwein, der – eher halbtrocken, aber mit großer Fülle im Geschmack – hervorragend mit den örtlichen Gerichten aus Fisch oder Schalentieren in seinem Restaurant harmoniert.

Es ist die Faszination der kurvigen Straßen, der einsamen Landschaft, des warmen Windes und der abendlichen Ruhe, der Sonnenuntergänge und der regionalen Speisen, genossen auf einer Veranda mit lokalem Wein. Nach Elba zurückkehren? Ja, ganz sicher, vielleicht auch mal die zwei Palazzi des hier einst im Exil lebenden Napoleon Bonaparte besuchen ... Elba, ci rivediamo! ■

Malerische Momente in verwinkelten Gassen: Colle d'Orano bei Nacht.

1302 letzter Käfer mit gerader Frontscheibe. Zweistufen-Gebläse Serie, Becker Monza Cassette seltener Luxus.

Straßenkarte und die Rallye-Streckenführung 1973 zum Nachfahren.

Zum Abschluss des Tages schenkt Lorenzo dem letzten Gast in der Pomonts Bar noch einen Wein ein.

ELBA – PERLE IM MITTELMEER

SO KOMMEN SIE HIN

Es gibt mehrere Möglichkeiten, mit dem eigenen Auto nach Elba zu gelangen. Die klassische Route führt durch die Schweiz über den Simplonpass nach Norditalien, weiter über Genua bis nach Piombino. Von dort setzen regelmäßige Autofähren nach Portoferraio über (Überfahrtszeit ca. eine Stunde). Alternativ ist die Anreise auch über andere italienische Alpenpässe oder über den Brenner möglich. Drei Anbieter teilen sich das Fährgeschäft nach Elba: Toremar (www.toremar.it), Blue Navy (www.blunavytraghetti.com) und Moby Lines (www.mobylines.com). Einen Angebotsvergleich bietet das Portal www.directferries.de.

WAS SIE WISSEN SOLLTEN

Rallye-Elba-Sieger waren seit 1968 ein Lancia Fulvia und vier Fiat 124 Spider. Dank Louise Piëch sollte es 1973 anders kommen. Die resolute Unternehmerin hatte 1965 beschlossen, dem Käfer ein sportliches Image zu geben, die Motorsportabteilung in Salzburg wurde gegründet. Anfang der Siebziger brachten es die silbernen Käfer 1302 und 1303 auf enorme 125 PS aus 1600 cm³ bei 880 Kilo Leergewicht. Zwei 46er- Weber-Vergaser, überarbeitete Nockenwellen und Brennräume, Sieben-Liter- Trockensumpfschmierung und ein Porsche-Fünfganggetriebe waren nur einige der Zutaten. 1971 und 1972 wird man österreichischer Staatsmeister, 1973 gewinnt Achim Warmbold mit John Davenport als Copilot die Jänner Rallye, im April beim Sieg im Europameisterschaftslauf Rallye Elba ist Gunnar Haggbom sein Beifahrer. Es bleibt der einzige Käfer-Sieg bei einem EM-Lauf. Infos hierzu: salzburgkaefer.at

DORT SCHLAFEN SIE

Eine Unterkunft auf Elba zu finden, ist meist problemlos. Hotels, Pensionen und Ferienwohnungen lassen sich über die gängigen Online-Portale im Voraus buchen, alternativ ist auch eine spontane Suche vor Ort möglich. Außerhalb der Hauptsaison schließen jedoch viele kleinere Hotels, Bars und Restaurants – besonders in den Wintermonaten. In den größeren Orten wie Portoferraio bleiben ganzjährig Unterkünfte geöffnet. Weitere Infos: www.visitelba.info

DAS SOLLTEN SIE LESEN

Zur Einstimmung auf Elba empfiehlt sich Max Fleschhuts *»111 Orte auf Elba, die man gesehen haben muss«*, das die Insel abseits klassischer Postkartenmotive zeigt. Weitere Lese- und Reisetipps finden sich unter: www.elbafreunde.de

ITALIEN

TAGE DER TARGA

Die Targa Florio war eines der großartigsten Autorennen der Welt. Auf ihren Spuren durch Siziliens Norden fährt es sich am besten in einem der großartigsten Autos der Welt – dem Alfa Romeo Giulietta Sprint Veloce.

TEXT & FOTOS: *Michael Orth*

DAS FAHRZEUG

Alfa Giulietta Sprint Velove

Eckdaten: Reihenvierzyl., DOHC, 1290 cm³, 90 PS, 895 kg, 180 km/h, 1956 bis 1962

Preis: ca. 58.000 Euro (Serie 2, guter Zustand)

Charakter: Faszination Alfa Romeo in Reinkultur, brillianter DOHC-Motor, sehr leicht, sehr gutes Fahrwerk, noch heute schnell

Die kleine Giulietta kann es mit der Schönheit Siziliens locker aufnehmen.

Hartmut Stöppel in seiner Sprint Veloce bei der Ausfahrt aus Cerda.

Irgendwann stellt sich dieses Gefühl ein. Zurückhaltend, doch von umwerfender Präsenz. Wie eine Melodie, die man nicht mehr loswird. Die Insel selbst singt zu dieser Melodie ihr Lied. Es geht um eine schöne Frau, die schönste, behauptet das Lied und fragt: Warum kauft ihr niemand ein Kleid und lädt sie zum Tanzen ein? So bleibt der Frau nur die Schönheit, in ihrer Armut bleibt sie allein. Das ist das Lied Siziliens. Und jeder, der es hört, spürt dieses Gefühl, eine milde Traurigkeit, der nur mit einer Mischung aus Schulterzucken und übersteigertem Stolz zu begegnen ist. Stolz auf das, was gewesen ist, doch nie ganz Vergangenheit sein wird. So wie die Targa Florio, einst größtes Straßenrennen der Welt.

1906: PREMIERE MIT ZEHN AUTOS

Das Lied der Giulietta Sprint Veloce klingt anders als das der Insel – heller, fröhlicher, angriffslustiger. Der hochgezüchtete 1300er-Vierzylinder bellt bei jedem Gasstoß die bröckelnden Fassaden der krummen Häuser in Cerda an. Zwischen 1956 und 1963 addierte die Giulietta acht Klassensiege und zig Top-Ten-Platzierungen zu Alfas Erfolgsbilanz bei der Targa Florio. Und als das kleine Auto aus dem Ort herausbeschleunigt, klärt sich sofort die Frage nach den Gründen dieses Erfolgs. Wiegt der Wagen überhaupt etwas? Hätte man das wenige Gewicht besser austarieren können? Auf jeden Fall nicht besser, um auf den kurvigen Straßen des 72 Kilometer langen Piccolo Circuito delle Madonie durch den bergigen Norden Siziliens zu jagen.

Die Geschichte der Targa Florio beginnt, als Vincenzo Florio, sizilianischer Weinmagnat und Autonarr, Henri Desgrange, Herausgeber der Zeitung »L'Auto« und Begründer der Tour de France, bei einem Rennen in der Auvergne trifft. Wieso organisierst du nicht so etwas bei dir zu Hause? Desgrange spricht aus, was Florio ohnehin will. 1906 stehen zehn Autos am Start der Premiere. Bis 1977 folgen 61 Rennen über wechselnde Strecken, zwischen 1955 und 1973 zählt die Targa zur Sportwagenweltmeisterschaft.

Und noch heute gehört die Targa zum kulturellen Erbe einer Insel, die sich die Vergangenheit bewahren muss, um die Gegenwart zu ertragen. Viele

Junge entfliehen ihr; diejenigen, die bleiben, haben weniger Hoffnung auf einen Job als die Alten Zähne im Mund. Vielleicht ist ja die Targa noch immer eine so große Sache, weil hinterher viel Glorreiches für Sizilien nicht mehr kam.

DAS HÄRTESTE RENNEN DER WELT

Ganz ähnlich überstrahlt auch die Giulietta vieles, was folgte. Sie war es, die nach dem Krieg das Alfa-Image prägte: sportlich, innovativ, robust. Und: mit jeder Menge Spaß zu bewegen. Das gilt für die 1961er Sprint Veloce von Hartmut Stöppel auch heute noch. Einmal über den Käfig in die schmalen Sitzschalen geklettert, ist alles wie von selbst zur Hand. Das harte Fahrwerk, abgestimmt eigentlich für Rundstrecken, schickt bei jeder Unebenheit die schönen Grüße einer Straße, die in den Bergen liegt wie ein böses Tier, das alle frisst, die nicht gut genug sind. Noch heute ist es mehr Aufgabe als Ausflug, der Straße zu folgen, ohne sich hinreißen zu lassen, in der Giulietta zumal. Es ist nicht so, dass die Strecke alle Schwierigkeiten bietet, die man sich vorstellen kann. Es sind mehr.

Nicht nur für Ferrari-Pilot Mike Parkes war die Targa »das härteste Rennen der Welt, weil du unglaublich konzentriert sein musst und es keinen Moment der Entspannung gibt«. Es geht die Anekdote, dass Ortsfremde vor dem ersten Training Filme ansahen, um einen Eindruck von der Strecke zu bekommen. Nicht wenigen soll dabei schlecht geworden sein.

Über den Asphalt der SS 120 zieht sich eine handbreite Linie, darüber fünf Buchstaben: Start. Alle sind sie hier gewesen, angespannt bis in die Haarspitzen, nass in ihren Rennanzügen, nicht nur der Hitze wegen. Nuvolari, Ferrari, Moss, Fangio, Bonnier, Munari, Siffert, Hill ... Immer noch umgibt diesen Ort die Aura des Außergewöhnlichen, auch wenn Fahrerlager und Tribünen vor sich hin bröckeln und die Tauben der Büste von Vincenzo Florio auf den Kopf kacken.

Erst in den Bergen zeigt die Targa ihr wahres Gesicht. Und die Giulietta ihr eigentliches Talent. »Die Strecke ist Nordschleife hoch drei«, sagte Helmut Marko 1972. Er fuhr mit seinem Alfa 33 TT3 einen Rennrundenrekord für die Ewigkeit: 33 Minuten, 41 Sekunden, Schnitt 128. Heute hat die Giulietta an keiner Stelle des Kurses die Chance, dieses Tempo überhaupt zu erreichen. Was weniger am Auto als am Zustand der Straßen liegt. Schon in der ersten Kurve schert die Giulietta hinten aus. Also langsam, es ist kein Rennen mehr.

Die Targa Florio war mehr als das, als 1954 die Giulietta Sprint, im Folgejahr Limousine und Spider und im Jahr darauf die Sprint Veloce präsentiert wurden. Mit ihnen erschlossen sich die Mailänder Massen, ohne Massenware zu fabrizieren. Der einfache Alu-Vierzylinder mit dem charakteristischen Doppelnockenkopf war Alfa noch bis in die 90er gut. Im historischen Vergleich ist der 1300er herausragend, aktuell noch immer faszinierend: robust, spontan drehfreudig, frei von Allüren. Jung. Ebenso die einfache, aber nicht unelegante Fahrwerkskonstruktion mit dem am Differenzialgehäuse verschraubten Reaktionsdreieck. Es führt die starre Hinterachse genau so, dass man oft, aber nicht allzu überraschend die Freude hat, das Heck mithilfe der sehr direkten Lenkung und dem Gas wieder einzufangen. Auf der Strecke der Targa gibt es genügend Gelegenheit dazu: mehr als 500 Kurven.

Die Türen mancher Häuser seien zugenagelt worden, erzählt man, damit nicht am Renntag die Leute blindlings auf die Straße rannten. Überall klebten Plakate: Tiere seien einzusperren, Kinder

In den Bergen der Madonie ist die Aussicht oft so großartig wie der Straßenverlauf gewagt und auch hinterhältig.

Die Alten fabulieren überm Obst von besseren Zeiten – am Ortsausgang würdigt man den Lokalhelden Vaccarella.

von den Müttern – wohlgemerkt – nicht aus den Augen zu lassen. Gesperrt wurde der Kurs nur fürs Abschlusstraining und das Rennen. Die normalen Trainings liefen im öffentlichen Straßenverkehr. Was hieß, dass man stets Gefahr lief, sich hinter einer Kurve in einen Eselkarren zu bohren.
Schon wer es ins Ziel schaffte, hatte einen Sieg zu feiern. Nino Vaccarella ist Lehrer in Palermo. 1965 gewinnt er die Targa Florio. Da wird der Lehrer für Sizilien ein Held. 1971 siegt er zum zweiten Mal. Da wird der Held unsterblich. Vier Jahre später gewinnt er wieder. Da wird der Unsterbliche ein Gott.

LEISE KNISTERT DIE GIULIETTA

Seitdem steht an einer grauen Wand in Collesano in großen Buchstaben: NINO. Der Name steht dort wie das Symbol für etwas, dem die Zeit nichts anhaben kann, solange die Menschen nur daran glauben. Auf dem Weg bis Campofelice und dann auf der langen Geraden am Meer entlang fährt der Eindruck mit, dass sich das auf dieser Insel nie ändern wird. Zurück bei den bröckelnden Tribünen, knistert die Giulietta Sprint Veloce leise vor sich hin. Wie wäre es, wenn sie die Boxengassen öffneten, die Haustüren wieder vernagelten, und man würde langsam vorrollen an die weiße Startlinie? Die Giulietta wäre sofort dabei. ■

Ganz oben: Ex-Eisweltmeister Antonio Cappadonia in Cerda. Darunter: Antonio Catanzaro in seinem Museo Vicenzo Florio.

EINE INSEL, EIN RENNEN UND DAS IMMER PRÄSENTE GESTERN

SO KOMMEN SIE HIN

Flugverbindungen nach Sizilien gehen nach Catania, Palermo oder Trapani, Zwischenstopp in Rom. Bei längerem Vorlauf muss ein Flug nicht mehr als 100 Euro kosten. Eine Fähre verkehrt sechsmal die Woche zwischen Genua und Palermo. Die Passage dauert 21 Stunden. Von Süddeutschland aus braucht es an reiner Fahrzeit bis Sizilien auf Achse etwa genauso lang.

WAS SIE WISSEN SOLLTEN

Jedes Jahr im Oktober findet die Targa Florio Classic statt, eine Gleichmäßigkeitsrallye für Klassiker bis Baujahr 1977. Start und Ziel ist in Palermo, wo dann die halbe Stadt zum Schauen und Feiern kommt. Die Strecke führt am ersten Fahrtag in der Regel bis an die Südküste Siziliens, am zweiten Tag geht es dann aber auch in die Berge der Madonie. Infos für Fans und Teilnehmer: www.targa-florio.it

DORT SCHLAFEN SIE

Am besten in einem Reisemobil oder im Kombi mit geöffneter Heckklappe irgendwo in den Bergen der Madonie. Komfortabler freilich und strategisch günstig in einem der vielen Hotels oder B & B in Campofelice di Roccella, etwa dem »Acacia Resort Parco dei Leoni« (www.acaciaresort.eu). Oder Sie suchen auf www.agriturismo.it eine Unterkunft auf dem Land um Palermo.

DAS SOLLTEN SIE LESEN

Das Standardwerk »Targa Florio, 20th Century Epic« schrieb Pino Fondi. Zu haben nur noch antiquarisch. In Stimmung bringen können einen auch die vielen Clips, die es auf Youtube zur Targa zu sehen gibt. Unter www.curves-magazin.com/blog/targa-florio findet sich eine schöne Zusammenstellung von Filmchen und Texten zum legendären Straßenrennen.

DAS FAHRZEUG

Alfa Romeo Giulietta Spider

Eckdaten: Reihenvierzyl., DOHC, 1290 cm^3, 80 PS, 860 kg, 160 km/h, 1955 bis 1962

Preis: ca. 75.000 Euro (guter Zustand)

Charakter: klassisches, von Pininfarina gezeichnetes Cabriolet, toller Motor, tolle Fahreigenschaften, überall gerne gesehen

ITALIEN

SEE-FAHRT

Das Cruisen auf der gut ausgebauten Gardesana ist in der Vor- oder Nachsaison ein Genuss. Und die Höhenstraßen rund um den Gardasee bieten ein spektakuläres Fahrerlebnis mit grandiosen Ausblicken auf das 370 km² große Gewässer.

TEXT: *Bernd Woytal* **FOTOS:** *FACT*

Überraschung bei Spiazzi: extrem dichter Nebel (oben). Am See gibt es jede Menge fotogene Häfen (unten) ...

... und in den Städten tolle Weinläden.

Dort hinten wurde das Frachtschiff Diana gefunden, das vor 80 Jahren nach einem falschen Manöver gesunken ist.« Der alte Herr im weinroten Anorak deutet mit seinem dicken Zeigefinger auf einen Punkt des Gardasees, während ich den Alfa Romeo Giulietta Spider vorsichtig auf die schmale Kaimauer des kleinen Hafens von Castelletto di Brenzone rangiere – zum Glück ohne Manöverfehler. Eigentlich darf das Auto hier nicht stehen, doch außerhalb der Saison geht es etwas lockerer zu.

Im Sommer spiegelt sich die Anziehungskraft des größten italienischen Sees in einer ungeheuren Schwemme von Touristen wider, doch seit vielen Jahren wähle ich die beschaulichere Nachsaison für meine Rundstrecke, wobei auch das Frühjahr eine reizvolle Alternative ist.

Diesmal bin ich später als sonst unterwegs. Der See wirkt an diesem Novembertag träge wie geschmolzenes Blei, über das sich ein weißgrauer Himmel spannt. Häuser, bunt wie die Mischpalette eines Malers, umringen den winzigen Hafen, in dem sich die Boote als fröhliche Farbkleckse vom Grau des Wassers abheben.

Sam von der Bar »Porticciolo« um die Ecke serviert mir direkt bei der hübschen Giulietta einen heißen Cappuccino mit einer grob geraspelten Schokolade als Zugabe, die an kleine Felsbrocken des mächtigen Monte Baldo erinnert. Dieser 30 Kilometer lange Gebirgszug zieht sich am Ostufer entlang, und ich habe ihn schon Ende Oktober mit einer weißen Schneekappe unter strahlend blauem Himmel erlebt, während ich im Cabrio die Uferstraße entlangfuhr. Doch heute ist alles anders, aufregender als sonst.

Das Programm ist stramm, und es wird keine Zeit bleiben für ein gemütliches Kastanienmenü oder

für ein Trüffelrisotto. Die Fahrstrecke hat es in sich, aber genau das ist es, was mir so gefällt: den Gardasee aus dem Cockpit zu erleben.

AM SEE ENTLANG BIS GARDA

Mit Schulterschluss zum See geht es auf der Gardesana zunächst bis Garda. Palmen, Zypressen, Zedern und Olivenbäume flankieren den Weg und verdeutlichen das mediterrane Klima, das Cabrio-Touren um diese Zeit ermöglicht. Bei den Ortsdurchfahrten sehe ich lachende Gesichter, der über 60 Jahre alte Alfa ist ein gern gesehener Gast. Nach Garda ist Schluss mit dem ständigen Blickkontakt zum See. Mich reizen eher die Strecken etwas abseits des Gewässers. Über Costermano geht es nach Caprino, von wo eine 9,5 Kilometer lange Bergrennstrecke hinauf nach Spiazzi führt und sich die Giulietta einmal austoben kann. Die Hoffnung, die Sonne könnte das trübe Morgenwetter vertreiben, erfüllt sich nicht.

Ein Nebel, so dicht, wie ich ihn noch nie erlebt habe, hüllt die umgebende Landschaft in einen undurchsichtigen weißen Schleier. Nur mit Mühe lassen sich die doppelten Leitplanken in einer engen Kurve der Bergstrecke ausmachen. Im Schritttempo geht es hinauf, triefendes Nass überzieht die Frontscheibe und sogar meine Brille.

Routenänderung wegen Nebel

Auch oben in Spiazzi ist es nicht viel besser. In Gedanken war ich schon auf der Monte-Baldo-Höhenstraße unterwegs, aufwärts mit vielen Kurven, in eine Welt voller einzigartiger Pflanzen und schroffer Felsen, mit berauschender Sicht über die

Gardasee-Berge. Allein die spektakuläre Aussicht von Bocca di Navene, 1425 Meter hoch gelegen und der tiefste Einschnitt im Monte Baldo, hinunter auf den blauen See ist diese Route wert.

Ein Schild empfiehlt übrigens zwischen dem 15. November und 15. April die Verwendung von Winterreifen. Manchmal wird die Straße auch wegen Eis und Schnee gesperrt. Heute wäre sie theoretisch frei, doch bei diesem Nebel ist das Risiko auf den engen Straßen zu hoch, und da auch die Fernsicht fehlt, breche ich an dieser Stelle ab. Nächstes Jahr komme ich wieder. Stattdessen krieche ich durch die milchige Suppe wieder ins Tal, fahre dann auf die nebelfreie Autobahn und stoße im Norden bei Mori wieder auf meine geplante Tour. Die folgenden zehn Kilometer zurück zum See sind die uninteressantesten der Tour, doch nach einer 180-Grad-Kehre oberhalb von Torbole wartet die Entschädigung: ein Blick auf die Nordspitze des Sees, den an dieser Stelle steile Berghänge flankieren. Mit tief hängenden grauen Wolken und einigen Lichtflecken auf der Wasseroberfläche eine fast gespenstische Szenerie, der nur die bunten Häuser im Vordergrund etwas von ihrer Dramatik nehmen.

Über Riva steuere ich den Alfa auf der Gardesana Occidentale nach Süden. In jedem Tunnel lausche ich dem sonoren Klang des Giulietta-Motors. Bis ins 28 Kilometer entfernte Gargnano gibt es 74 Bergdurchbrüche, doch schon einige Kilometer nach Limone biege ich ab, zum Höhepunkt dieser Reise. Die Fahrt hinauf nach Pieve durch die Brasa-Schlucht hat noch keinen kaltgelassen.

Immer wieder spektakuläre Aussichten, kleine Tunnel scheinen direkt in den Himmel zu führen. Spektakulär ist das Durchfahren der Brasa-Schlucht

Die im Jahr 1913 eröffnete Straße schlängelt sich in einer Vielzahl von Kurven und Serpentinen in die Höhe. Manchmal scheint sie an der Felswand zu kleben, die bedrohlich über der schmalen Fahrbahn hängt. Zunächst ergeben sich immer wieder spektakuläre Aussichten in die Tiefe, kleine Tunnel scheinen direkt in den Himmel zu führen. Ich bin froh, dass der Alfa in der Breite nur 1580 Millimeter misst, denn bei Gegenverkehr wird es extrem eng.

Abenteuerliche Straßen

Diese Strecke ist nichts für schreckhafte Naturen. Wild und dramatisch wird es beim Durchqueren der Schlucht, dicht über dem kleinen Alfa scheinen die Felsen einzustürzen, und die Straße führt direkt in den düsteren Rachen eines Monsters. Dann dringt wieder Licht in die Schlucht, sofort richtet sich mein Blick nach oben – und jedes Mal bin ich erneut begeistert, wenn ich die weit über mir thronende Brücke sehe, die ich dann sogleich überqueren werde.

Die Strecke durch diese raue Felsenlandschaft ist so mitreißend, dass man sie gerne auch wieder in anderer Richtung durchfährt. Wer genügend Zeit hat, kann aber auf der Höhe die kurvenreiche Route Richtung Süden gondeln und erst wieder bei Gargnano zum See stoßen. Von hier sind es noch zwei oder drei Gasstöße bis Maderno, von wo die Autofähre den Alfa wieder ans Ostufer bringen soll. Pech, dass um diese Zeit keine mehr fährt – Winterfahrplan. So muss ich auf diesen Teil meiner See-Fahrt ebenfalls verzichten. Nächstes Mal klappt es besser. Dann erlebe ich sicher auch wieder, wie die untergehende Sonne den Horizont entflammt. Aber selbst ohne dieses Schlusslicht in Tieforange ist die Tour ein Genuss.

ZU RECHT EIN REISEKLASSIKER: DER GARDASEE

SO KOMMEN SIE HIN

Die Anreise zum Gardasee führt zwangsweise über die Alpen, wer es eilig hat, wählt die Route Innsbruck, Brenner, Bozen und Trient. Mit etwas mehr Zeit lässt sich die Anreise jedoch mit ein paar zusätzlichen Passüberquerungen wesentlich unterhaltsamer gestalten.

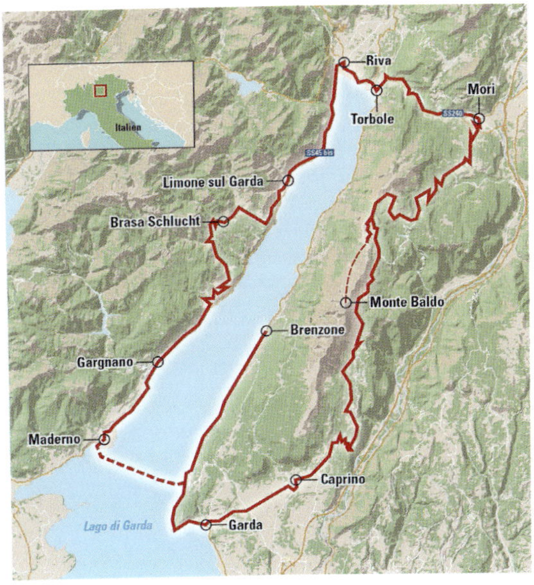

WAS SIE WISSEN SOLLTEN

Die Attraktivität des Gardasees ist natürlich längst kein Geheimnis mehr, im Sommer zieht es Touristen zu Tausenden dorthin – die Folge sind verstopfte Straßen. Also besser im Frühjahr oder im Herbst in diesen Teil Italiens reisen und die Wochenenden sowie Feiertage meiden.

DORT SCHLAFEN SIE

An Pensionen und Hotels in allen Preisklassen herrscht am Gardasee wahrlich kein Mangel. Ein echter Tipp: das direkt am See gelegene »Hotel Brenzone« in Brenzone sul Garda (www.hotelbrenzone.eu). Ebenfalls klasse: »Villa Tempesta« bei Torbole (www.villatempesta.it).

DAS SOLLTEN SIE LESEN

Unzählige Reiseführer sind über diesen Teil Italiens geschrieben worden, greifen Sie also zu dem Werk, welches Ihnen von der Aufmachung her am besten gefällt. Wirklich gut und randvoll mit praktischen Reisetipps: der »Gardasee«-Reiseführer aus dem Michael Müller Verlag, Preis: 20,90 Euro.

BALKAN

© AscentXmedia/getty images

DAS FAHRZEUG
Mercedes-Benz 230 C
Eckdaten: Vierzylinder-R-Motor, 2307 cm³, 109 PS, 1895 kg, 170 km/h, 1977 bis 1980
Preis: ca. 13.000 Euro (guter Zustand)
Charakter: Klassisches wie stilvolles Coupé mit großem Beliebtheitsfaktor, sehr alltags- und natürlich reisetauglich

ALBANIEN-EXPRESS

Unbeachtet, ungeliebt und auf jeden Fall unter Wert gehandelt – Albanien ist weit davon entfernt, eine beliebte Urlaubsregion zu sein. Warum eigentlich? Mit dieser Frage im Kopf schwingen wir uns in ein Mercedes W123 Coupé. Hier die Antworten.

TEXT & FOTOS: *Dani Heyne*

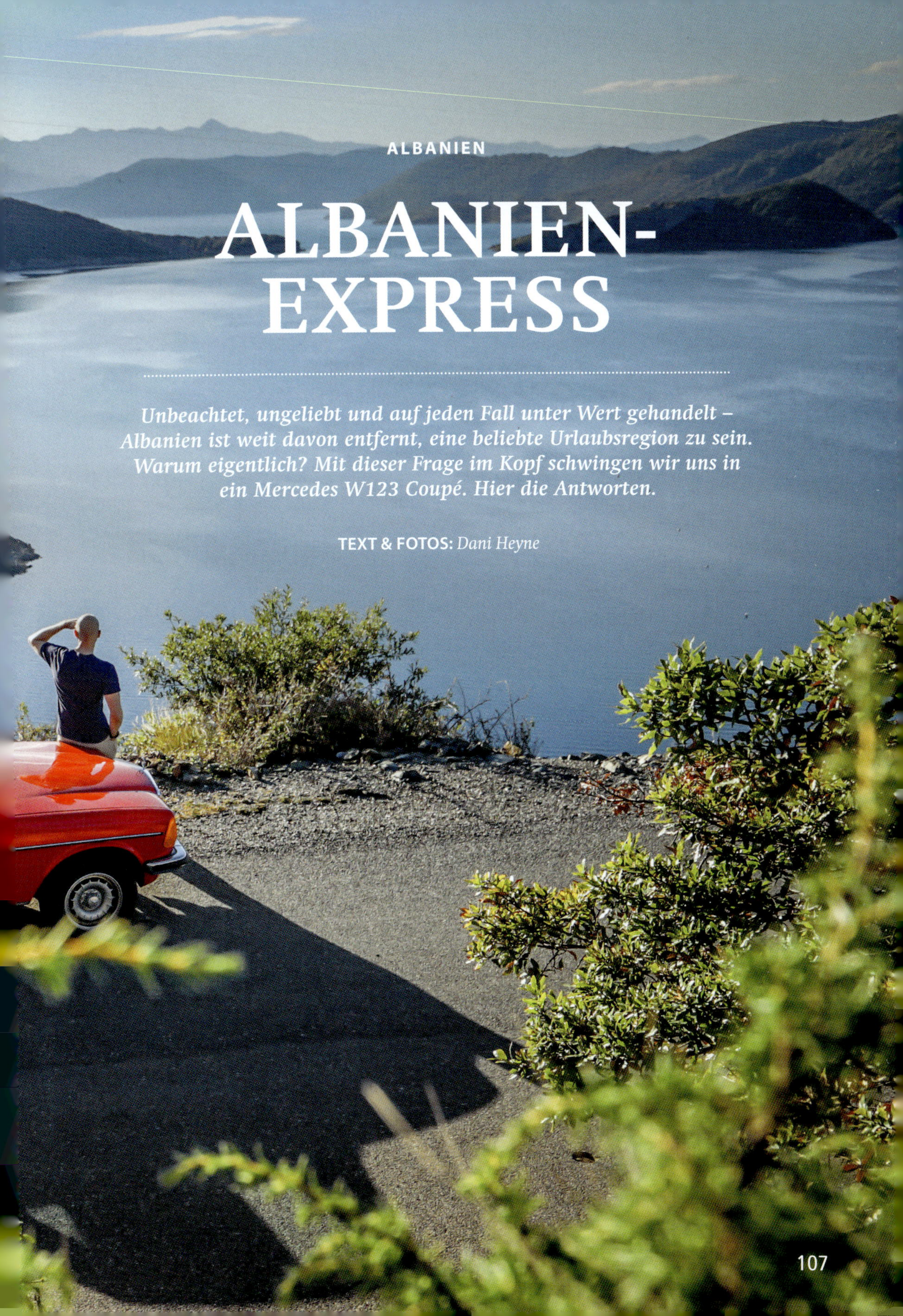

Oben: Esel dienen nach wie vor als Fortbewegungsmittel.
Unten: Valbona nennt sich das atemberaubende Wander-Fahrrad-Motorrad-Paradies im Nordosten.

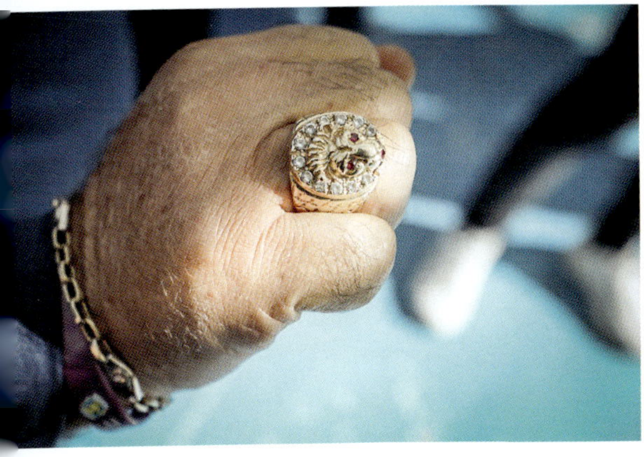

Ein albanischer Lek entspricht 0,0082 Euro. Gold ist Gold und im Vergleich wertstabil.

Das signalrote W 123 Coupé ist umzingelt – das zweite Mal heute Morgen. Es parkt vor einem Felsen, durch dessen Bauch ein Tunnel gesprengt wurde. Die holprige Straße führt zum Ufer des Koman-Stausees, einem Paradies in Nordalbanien. Wer Berge, Einsamkeit und raue Natur mag, wird sich sofort in diesen Landstrich verlieben und sollte die 34 Kilometer mit der Lake Koman Ferry in Richtung Fierza einplanen. Natürlich gibt es auch eine Straße, aber die führt nicht durch diesen fantastischen Fjord bis fast nach Valbona. Die Jungs von der Fähre können sich am roten Benz nicht sattsehen. Einen so schönen C 123 hätten sie noch nie gesehen. Limousinen, klar, die gebe es in Albanien überall – in unterschiedlichsten Farben und Zuständen. Aber Coupés ...

MERCEDES-COUNTRY

Albanien gilt als Mekka des W 123 – und generell als Mercedes-Land. Nirgends auf der Welt gibt es angeblich mehr besternte Mittelklassemodelle, die zwischen 1975 und 1986 produziert wurden. Dabei kam sicherlich keiner als Neuwagen in das ehemals stalinistische Land. Denn Enver Hoxha (sprich: Hodscha), von 1946 bis zu seinem Tod 1985 Diktator Albaniens, untersagte Privatbesitz. Um im Ansatz zu verdeutlichen, was für ein Typ er war, reicht folgende Info: Hoxha ließ im ganzen Land rund 170 000 Bunker bauen, verbot Religionen und wandte sich peu à peu von der UdSSR, China und Nordkorea ab. Allesamt waren sie ihm zu liberal.
Nach seinem Tod hielt der Realkommunismus noch einige Jahre an, bis 1991 für Albanien eine neue Zeitrechnung anbrach. Auch beim Thema Mobilität. In Massen wurden Mercedes W 123 nach Albanien geschippert. Der Ruf der Unzerstörbarkeit war dem Stuttgarter vorausgeeilt. Also genau

das richtige Fahrzeug für die wenigen Teerstraßen und unbedarften Piloten. Der Zustand war egal; Hauptsache, günstig – und Diesel. Noch immer ist Mercedes eine große Nummer in Albanien. Aber der W 168 (die erste A-Klasse) und andere Modelle dieser Ära haben am Image der Schwaben geknabbert und andere Marken aufleben lassen. Unzerstörbarkeit sieht eben anders aus. Dennoch zählt für viele noch immer eins: der Stern.

Zurück auf die Fähre, auf der nun endlich alle Passagiere Platz gefunden haben. Als sie ablegt, ist die Luft noch immer kalt – aber die Stimmung bereits herzlich. Jeder quatscht mit jedem, egal ob man sich kennt oder gerade erst kennenlernt. Dazu gibt's Espresso – oder ein ziemlich kräftiges und klares Getränk aus einer Plastikflasche. Auf dem oberen Deck des alten Schiffs erklingenVolkslieder aus einer gro-

Die Berge ragen hinauf bis auf 2754 Meter.

Auf knapp über 1000 Metern windet sich der Llogara-Pass im Süden Albaniens.

Die beste Reisezeit ist der Herbst. Es ist warm, regnet wenig, und die Wälder sind bunt.

Den Koman-See entdeckt man am besten mit der Fähre. Und die ist zuverlässig – Ehrlich.

ßen Bluetooth-Box. Eine Gruppe Jugendlicher tanzt traditionell im Kreis, was einige der älteren Passagiere zum Mitmachen animiert. Eine wunderbare Szene, bezeichnend für das Lebensgefühl eines Landes, das wir in den kommenden Tagen durchfahren.

Als der Benz von der Fähre rollt, ist er in Valbona – einer zauberhaften Bergregion, die an Montenegro und den Kosovo andockt. Die Berge schrauben sich bis weit über 2000 Meter hinauf. »Schweiz-Wanderern« und »Leuchtwesten-Bikern« wird es an Ausschilderung fehlen, Abenteurer kommen dagegen voll auf ihre Kosten. Wir hangeln uns mit sonorem Vierzylinder-Sound auf den gut ausgebauten Straßen gen Süden. Verkehr gibt es fast keinen. Damit fokussiert sich das Auge auf Berge, Menschen und Tiere. Und das ist gut, denn Letztere stehen auch mal unverhofft hinter der nächsten Kurve und gucken ebenso verdutzt wie die Insassen im kräftig bremsenden Benz. Gut, dass das Reisetempo das vielleicht langsamste Europas ist. Entschleunigung pur. Der 230 C passt perfekt. Das gemütliche Coupé spiegelt den gelassenen Charakter des Landes wider. Wunderbare Schluchten, sanfte Bachläufe und bunte Herbstwälder wechseln sich mit pittoresken Häuseransammlungen ab. Und eins ist gewiss: In jedem Kaff bekommen Reisende exzellenten Espresso für nicht mal 50 Cent und kurzweilige Gespräche im garantiert gut besuchten Dorfcafé.

Gut besucht ist auch einer der ältesten Seen der Welt – zumindest im Sommer. Der Ohrid-See residiert zu einem Drittel auf albanischem Territorium. Beim Stopp unbedingt die schmackhafte Ohrid-Forelle (aus lizenziertem Fang) verzehren – lecker. 260 Kilometer entfernt befindet sich das UNESCO-Weltkulturerbe Gjirokastra. Die Geschichte der Steinstadt, in der Enver Hoxha 1908 geboren wurde, reicht bis ins dritte Jahrhundert vor Christus. Dass Gjirokastra ein Touristenmagnet ist, beweisen die Preise. Gibt es sonst ein Mittagessen meist für fünf Euro (600 Lek) und ein Zimmer mit Dusche und WC in den stets sauberen Hotels für 20 Euro, verdoppeln sich die Preise hier fast. Für deutsche Verhältnisse immer noch günstig. Nicht für albanische Durchschnittsverdiener, die mit circa 400 Euro nach Hause gehen. Absurd teuer erscheint der Sprit mit 1,40 Euro pro Liter. Und das, obwohl Erdöl im Land vorhanden ist.

PASSSTRASSE MIT AUSSICHT

Wir sind am Ionischen Meer bei Saranda angekommen. Dort gibt's die schönsten Strände Europas – und sie spielen auch weltweit in der obersten Liga. Gerade im Oktober ist das Wasser noch warm, die Sonne brennt nicht so doll, und man ist fast alleine. Dieser Abschnitt zieht sich 100 Kilometer bis zum Llogara-Pass. Ein Serpentinen-Eldorado, von dem man aus 1000 Metern Höhe das Blau genießen kann.

Völlig gegensätzlich empfängt uns die Hauptstadt Tirana: Wir stehen erst mal eine gute Stunde im Stau. Um uns herum: Hektik und Trubel. Zum Glück hat uns kurz zuvor Saimir via Instagram kontaktiert – ein glühender C-123-Fan. Er zeigt uns nicht nur die schönen Ecken der Stadt. Er erzählt auch ganz ungeschminkt, wie er sein Land wahrnimmt. Dass »die Wende« nicht alles zum Positiven geändert habe, dass Korruption ein großes Problem darstelle. Daher ziehe es rund eine Million (ein Drittel aller Pass-Albaner) ins Ausland. Oft die Gebildeten und die wenig Seriösen, wie Saimir berichtet. »Letztere haben unser Image im Ausland versaut«, sagt er mit verzogener Miene.

Saimir stammt von der Küste, er ist studierter Elektro-Ingenieur und wegen des Jobs in die Hauptstadt gezogen. Er hätte auch ins Ausland »fliehen« können – spricht er doch einwandfrei Italienisch und Englisch, und seine Kenntnisse sind gefragt –, er will aber nicht. Da kann er nichts fürs eigene Land bewirken. In Saimirs Herz (und seiner Garage) parkt

Die Jugendlichen auf der Fähre feiern sich und ihre Heimat.

ein anthrazitfarbener Mercedes 230 CE, den er nur an regenfreien Tagen bewegt. Beim Abendessen erzählt er von der noch immer hohen Mercedes-Dichte und dem Grund, warum der 123er von den Straßen Albaniens fast verschwunden sei. 2011 erließ die Regierung ein Gesetz, das alte Autos steuerlich benachteiligte. Um es zu verdeutlichen, kramt er Dokumente aus den Tiefen seines E-Mail-Postfachs hervor. Sie besagen, dass alleine in Tirana mehrere Tausend W 123 verschrottet wurden – im Jahr 2011. Die Besitzer konnten die Steuern nicht mehr zahlen, und ein Inlandsverkauf kostete 2000 Euro Strafe. Auf dem Land nehme man das nicht so genau. Die Kennzeichen sind dort oft nicht gültig, aus dem Ausland oder fehlen gänzlich – Kontrollen gibt es kaum. Das fällt uns auf der Tour durch den Rest des Landes auf, wo die Wanderdünen, wie die Mercedes-Diesel genannt werden, noch immer zum Alltag gehören.

Am nächsten Tag startet bereits unsere Heimreise. Der Benz schnurrt wie am ersten Tag. Für etliche Hundert Kilometer folgt er der Küste. In fast jeder Pause werden wir auf den Wagen angesprochen. Viele wollen ihn gern kaufen. Oder erinnern sich an ihre Kindheit – fast so wie bei uns daheim. Kurz vor der Grenze zu Montenegro gönnen wir uns noch einen Stopp in dem mehrfach ausgezeichneten Restaurant »Mrizi i Zanave Agroturizëm«. Der Slogan des Slow-Food-Restaurants lautet: »Think globally – eat locally«. Letzteres haben wir in Albanien verinnerlicht, aber nie so gut wie hier. Gestärkt treten wir die 1500 Kilometer Richtung Stuttgart an. Das Coupé soll nach Hause, mit 5000 Kilometern und einer Erfahrung mehr: Albanien – kann man machen, auch mit einem Oldtimer. ■

ALBANIEN – DIE SCHÖNSTE SEITE DES BALKANS

SO KOMMEN SIE HIN

Es gibt mehrere Varianten, mit dem eigenen Auto nach Albanien zu gelangen. Der direkte Landweg führt durch Kroatien und Montenegro (oder via Belgrad und Mazedonien). Alternativ bieten sich die Fährverbindungen (Adria Ferries, GNV und Ventouris Ferries) vom italienischen Bari nach Durrës sowie von Brindisi bis Vlora (Starlines) an. Die Abwicklung der Grenzformalitäten verläuft in der Regel schnell und korrekt. Wichtig: die grüne Versicherungskarte!

WAS SIE WISSEN SOLLTEN

Shqipëria, wie Albanien in der Landessprache heißt, ist so groß wie Belgien, besitzt aber eine landschaftliche Vielfalt, die Erstbesucher sehr überrascht. Eingerahmt von Adria und Ionischem Meer, Montenegro, Kosovo, Nordmazedonien und Griechenland, bietet das Land von wunderschönen Stränden bis hin zu eindrucksvollen Gebirgsregionen viel Raum für einen tollen Urlaub.

DORT SCHLAFEN SIE

Eine Unterkunft in Albanien zu finden, ist kein Problem. Man kann entweder sämtliche Hotels und Pensionen über die klassischen Online-Portale im Voraus buchen. Oder Sie suchen spontan vor Ort ein Zimmer, wobei die ausgesprochen freundlichen Albaner Ihnen immer ihre Hilfe anbieten werden. Viele nützliche Reise-Infos inklusive Hoteltipps bietet: www.reisen-in-albanien.de

DAS SOLLTEN SIE LESEN

Klasse zur Einstimmung: »111 Gründe, Albanien zu lieben« von Jörg Martin Dauscher aus dem Verlag Schwarzkopf & Schwarzkopf. Wer nach wie vor einen klassischen Reiseführer sucht, dem seien die beiden namensgleichen Bücher »Albanien« von Reise Know-How und aus dem Verlag Michael Müller empfohlen. Der Bildband »Unbekanntes Europa – Die schönsten Ziele auf dem Balkan« von Bruckmann stimmt optisch auf eine Reise in diesen Teil Europas ein. Absolute Empfehlung zur literarischen Reisebegleitung: »Die Erweiterung« von Robert Menasse.

DAS FAHRZEUG

DKW F5 Luxus Sport Roadster

Eckdaten: Zweizyl.-Zweitaktmotor, 692 cm³, 20 PS, 700 kg, 90 km/h, 1936 bis 1937

Preis: Ab ca. 30.000 Euro (guter Zustand)

Charakter: Sehr kleiner, leichter Roadster mit Vorderradantrieb und Minimal-Motorisierung sowie eingeschränktem Raumangebot

RUMÄNIEN

LAND IN SICHT

Möglicherweise war ein DKW F5 Cabriolet aus den 30er-Jahren der Auslöser für meine bis heute anhaltende Autoleidenschaft. Nach fast 50 Jahren ist es Zeit für eine kleine Spurensuche – diesmal im zweisitzigen F5 Luxus Sport von 1937.

TEXT: *Heinrich Lingner* **FOTOS:** *Stefan Warter*

Rechts hinter dem Torbogen wohnte ein Mädchen aus meiner Klasse, vielleicht sollte ich mal anklopfen.

Der DKW zweitaktet über das Kopfsteinpflaster, viele Fassaden in der Altstadt sind renoviert.

Kaum zu sagen, wann das Nachhausekommen wirklich beginnt. Vielleicht in jenen Minuten, in denen ich das Land von oben sehe, der Lufthansa-Jet Canadair 900 aus Nordwesten kommend um Sibiu/Hermannstadt kurvt, einen Bogen über die Dörfer Großscheuern und Stolzenburg fliegt und dann wenig später auf Landebahn 27 aufsetzt. Oder in dem Moment, in dem ich mich vor dem Hotel in Schäßburg in den DKW F5 Roadster setze. Er fahre ganz normal, sagt Ralf Hornung von Audi Tradition, der den Wagen betreut. Keine Starthilfe bei diesen sommerlichen Temperaturen, die Bremsen seien eher milde und die Querblattfeder an der Hinterachse von sehr begrenzter Wirksamkeit.

DER DKW IST EINE SENSATION

Vielleicht sollte ich mit dem Anfang beginnen. Denn womöglich ist ja das Zuhause mehr als nur der Ort, an dem du deinen Hut hinhängst, wie Udo Lindenberg singt. Vielleicht ist es ja einer, an dem du weißt, wie die Luft an einem Sommermorgen riecht und das Wasser im Schwimmbad schmeckt.

Anfang der 1970er-Jahre fährt ein roter offener DKW durch diese Stadt, er gehört einem jungen Musiklehrer. Ein Vorkriegswagen, ein Cabriolet – das ist eine Sensation, so etwas gibt es eigentlich nicht in Rumänien. Privatautos sind eher selten, meist gehören die wenigen Trabant, Skoda, Polski-Fiat oder Wartburg den Privilegierten aus Partei und Staatsdienst. Die Nomenklatura lässt sich im Wolga M21 oder Tatra 603 chauffieren.

Heute weiß ich, dass das Auto ein F5 Luxus Cabriolet war, die Karosserie um 1937 bei Baur in Stuttgart gebaut wurde. An das Zweitaktknattern kann ich mich noch erinnern, an die Decken auf den Sitzen und das bereits etwas zerfledderte Verdeck. Später zog ich in ein anderes Land. Der DKW blieb – in Siebenbürgen und in meiner Erinnerung. Alte Autos sind seither eine Konstante, es gab sie auch in der neuen Heimat. Ein DKW tauchte nur noch selten auf, doch im Düsseldorf der späteren 1970er waren angejahrte Exoten wie Mercedes 300 SL Roadster, Borgward Isabella Cabriolet oder

Die überdachte Schülertreppe verbindet seit über 400 Jahren die Altstadt mit Kirche und Schule ganz oben auf dem Berg.

Porsche 356 keineswegs selten. Ab und zu röhrte ein Ferrari 250 oder ein Maserati Mistral über die Königsallee. Wir fuhren einen himmelblauen Audi 100, drei Jahre alt. Heute weiß ich mehr über die Geschichte des DKW – nachdem ich 40 Jahre später Uwe Horwaths Telefonnummer herausgesucht habe und ihn erzählen lasse. Wie er den DKW von seinem Vater übernahm, der den Wagen seinerseits durch wirre Nachkriegszeiten gerettet hatte. Er fuhr danach den F5 bis in die 80er, kaufte sich dann einen jüngeren VW Käfer. Damals verlor sich die Spur. Angeblich soll der Wagen in einem Hinterhof gelandet sein, aufgebockt und vergessen.

Der Zweitakter im F5 Roadster rattert los, Kupplung, erster Gang, ganz unspektakulär. Wir rollen durchs Stadtzentrum, wo sich in den letzten 30 Jahren nicht allzu viel verändert zu haben scheint. Die Zufahrt zur historischen Altstadt ist – anders als früher – streng geregelt. Eine Schranke versperrt den Weg, wir benötigen Zufahrts- und Fotogenehmigung. Das klappt erstaunlich schnell, manchmal hilft es, wenn man die Landessprache ein wenig beherrscht.

RUMMEL AUF DEM BURGPLATZ

Die Gebäude sind dieselben, doch sonst ist alles anders. Bereits am Vormittag ist die Innenstadt von Touristen überlaufen. Es gibt Cafés und Restaurants, wo früher halb versteckte Hauseingänge waren. Einige Fassaden sind renoviert, andere bröckeln vor sich hin, vor allem in den etwas abgelegeneren Ecken der Altstadt. Der DKW ist die steile Kopfsteinpflasterstraße tapfer emporgeplöttert. Eng ist es in dem kleinen Roadster, und wenn Bremse, Kupplung und Gas kurz hintereinander betätigt werden sollen, empfiehlt es sich, die Füße vorzusortieren.

Touristen umringen den Wagen auf dem Burgplatz, rechts zieht sich die Schulgasse den Berg empor. Ob wir da hochfahren könnten, fragt der Fotograf. Können wir. Am Fuß der überdachten Schülertreppe, die seit dem 17. Jahrhundert den unteren Teil der Altstadt mit Schule und Kirche ganz oben auf dem Berg verbindet, halten wir an. Es gibt ein vergilbtes Schwarz-Weiß-Foto von Uwe Horwath, seiner Braut Justina und dem DKW an genau dieser Stelle, am 11. Juni 1974, ihrem Hochzeitstag. Wir folgen dem Weg bis zur Bergschule, dahinter die Kirche und der Friedhof mit Efeu-umrankten Grabsteinen, auf denen vertraute Namen stehen. Still ist

Die Straßen im Norden der Stadt sind mir vertraut, hier hat sich in 40 Jahren nicht sehr viel verändert.

es hier oben, die Schule geschlossen. Sommerferien in Rumänien.

Unten auf dem Burgplatz ist der Trubel noch etwas dichter geworden. Am südlichen Ende steht seit über vier Jahrhunderten der Stundturm, früher Rathaus, seit über 100 Jahren das Heimatmuseum. Von ganz oben in 60 Metern Höhe wacht seit dem 18. Jahrhundert ein Doppeladler, das Wappentier der Habsburger. Davor ist der Touristenrummel besonders bunt. Ein Haus am Rande des Platzes wurde Mitte der 1970er-Jahre zum Geburtshaus von Vlad Tepes erklärt, einem walachischen Warlord des 15. Jahrhunderts. Und wohl auch eine der Inspirationen für Bram Stokers Romanfigur Graf Dracula, obwohl es dafür keine Quellen oder Belege gibt. Jedenfalls ist das Haus nicht annähernd so alt, es stammt aus dem späten 17. Jahrhundert.

Dort vorne rechts hinter dem Torbogen hat ein Mädchen aus meiner Klasse gewohnt, vielleicht sollte ich mal anklopfen. Doch die Jugend ist kein Ort, zu dem man einfach so hinfahren kann – diese Einsicht ist nicht von mir, sondern von Nick Hornby.

Wir fahren raus, einen weiteren Berg hinauf. Das Ausflugslokal Vila Franka über der Stadt gibt es seit mehr als 100 Jahren, es ist also eher jung für diese Gegend. Hier oben liegt dir die Stadt zu Füßen, kleiner und beengter zwischen Fluss und Bergen, als du sie in Erinnerung hast. Es gibt sehr guten Cappuccino aus Italien und Mineralwasser aus den Ostkarpaten. Auf der Abfahrt knistert sich der Roadster wieder kühl, wir fahren durch die Unterstadt. In einem der Hinterhöfe hier wurde das DKW-Cabriolet in den 1980er-Jahren zuletzt gesichtet. Ich halte im Schatten, sehe mich um. Vielleicht kommt ja jemand vorbei, der sagt: Bei mir hinter der Scheune liegt ein Auto, das fast genauso aussieht. Es passiert natürlich nicht.

Inzwischen funktioniert das Spiel mit Gas, Kupplung und Schalthebel besser, der DKW rollt flüssig durch den spärlichen Verkehr, riecht nach verbranntem Zweitaktöl und ein wenig nach Lack. Denn dieser DKW ist frisch restauriert, er wirkt so, als hätte er erst kürzlich bei Baur in Stuttgart-Berg eine neue Karosserie erhalten. Die Nadel zittert sich auf 80 km/h hoch, doch erst als die Landstraße, die die Stadt nach Nordwesten verlässt, wieder bergab führt. Zwei Stunden Fahrt sind es bis zum Flughafen. Die Straße schlängelt sich zwischen Hügeln hindurch, deren brach liegende Terrassen verraten, dass sie mal Weinberge waren.

Später sitze ich wieder im Flugzeug nach München. Eben war unten noch ein Dorf mit mauerumwehrter Kirche zu sehen. Dann steigt der Jet in die Wolken. Kein Land mehr in Sicht. ■

Auf dem Burgplatz sorgte der DKW für reichlich Aufsehen – nur dem Hund war das Treiben reichlich egal.

SCHÄSSBURG FÜR ANFÄNGER

SO KOMMEN SIE HIN

Schäßburg ist von den internationalen Flughäfen Hermannstadt/Sibiu (90 km) oder Targu Mures (50 km) mit dem Auto oder Fahrdienst gut erreichbar. Der öffentliche Nah- und Fernverkehr ist nur rudimentär ausgebaut, doch die Taxipreise sind günstig, und Mietwagen werden überall angeboten. Bei Anreise mit dem eigenen Auto gilt es mehr als 1300 km zu bewältigen. Die neuen Autobahnen in Ungarn und Rumänien haben die Fahrzeiten enorm verkürzt. Ein besonderes Abenteuer ist die Anreise per Bahn: www.cfrcalatori.ro

WAS SIE WISSEN SOLLTEN

Schäßburg/Sighisoara ist eine vor mehr als 800 Jahren von deutschen Siedlern gegründete Stadt in der historischen Landschaft Siebenbürgen. Heute (seit 1920) gehören Stadt und Landstrich zu Rumänien, davor zum Habsburgerreich. Die Altstadt ist UNESCO-Weltkulturerbe. Dass Dracula hier geboren sein soll, ist eine im 20. Jahrhundert erfundene Mär.

DORT SCHLAFEN SIE

Eine sehr stilvolle Unterkunft in Schäßburg ist das »Haus mit dem Hirschgeweih« (»Casa cu Cerb«). Die antik eingerichtete Pension ist mitten in der zufahrtsbeschränkten Altstadt zu finden, rechtzeitige Reservierung ist empfehlenswert: www.casacucerb.ro

DAS SOLLTEN SIE LESEN

Blogs und Reiseführer zu Siebenbürgen gibt es in großer Zahl und schwankender Qualität. Wer wirklich etwas über Land und Leute erfahren will, könnte etwa einen der Romane von Eginald Schlattner oder das »Handbuch der historischen Stätten Siebenbürgens« von Harald Roth lesen.

MAROKKO

MAROKKO!

Diese Männer haben es tatsächlich gewagt: Sie sind mit zwei Citroën 11 CV und einem Citroën 15 CV zu einer 4200 Kilometer weiten Reise durch Marokko aufgebrochen. Ein Abenteuer, keine Frage. Aber eines, das sie zur Nachahmung dringend empfehlen würden.

TEXT: *Sepp Klement* **FOTOS:** *Klement, Viktor Mürner*

DAS FAHRZEUG

Citroën 11 CV/15 CV

Eckdaten: Vier-/Sechszylinder-R-Motor, 1911/2867 cm³, 56/77PS, 1110/1310 kg, 109/122 km/h, 1934 bis 1957

Preis: Ab ca. 25.000/29.000 Euro (guter Zustand)

Charakter: Legendärer Citroën-Klassiker, bereits mit Frontantrieb (TA oder Traction Avant), zeitlos, viel Platz und durchaus reisetauglich

Die drei Citroën fielen überall in Marokko auf und mussten bei jeder Pause als Fotomodelle herhalten.

Der Süden des Landes wird immer wüstenhafter, die Nähe zur Sahara immer offensichtlicher.

Die Häuser in Chefchaouen (El Aaiún) tragen ihr charakteristisches Blau nicht nur an den Fassaden, sondern auch im Inneren als markante Kontrastfarbe.

Nach Marokko! Einmal ein großes Abenteuer mit unseren französischen Klassikern erleben – das ist der Plan, den wir, sechs Oldtimer-Freunde aus Deutschland und Österreich, geschmiedet haben. Man kennt sich und die Autos vom Verein und verschiedenen Rallyes her, und die Idee, vier Wochen lang nach Nordafrika zu reisen, setzte sich unwiderruflich in unseren Köpfen fest.

Die Vorbereitungen beginnen im Herbst 2018, aber wir sind spät dran, denn die Fähre, die Genua mit Tanger verbindet, könnte ab November schon ausgebucht sein. Und an den drei Citroën gibt es noch einiges zu tun. Aber wir sind zuversichtlich, dass wir im März in Richtung Afrika starten können, nur die genaue Routenplanung macht uns ein wenig Kopfzerbrechen: zuerst am Atlantik entlang oder im Osten über das Rif-Gebirge und den Atlas in Richtung Sahara? Wir entscheiden uns schließlich für die zweite Variante. Ansonsten wollen wir uns durch Marokko treiben lassen.

Dann ist es endlich so weit, es geht in zwei problemlosen Tagesetappen über die Alpen, hinunter nach Genua und von dort aus per Schiff nach Tanger. Unsere Zuversicht wächst ins Unermessliche, erhält jedoch gleich einen ersten Dämpfer: Beim Zoll passen die Autos in kein vorgegebenes Schema, weil sie schlicht zu alt sind. Es folgen zähe Verhandlungen, bis man uns einreisen lässt.

DIE DREI CITROËN ALS FOTOMODELLE

Die erste Etappe führt nach Chefchaouen (El Aaiún) im Rif-Gebirge, das wegen ihrer auffälligen blauen Hausfassaden in der ganzen Altstadt auch den Beinamen »Blaue Stadt« trägt. Dass sich hier alles um Cannabis dreht, interessiert uns hingegen nicht. Als störend empfinden wir allenfalls den eiskalten Wind, der durch die Stadt und auch durch unsere Zimmer weht.

Weiter in Richtung Fes. Der kühle Wind wird eine Weile zu unserem Begleiter, aber immerhin sorgt die Abwärme der Motoren für angenehme Temperaturen in den Innenräumen der drei Traction, die über keine Heizung verfügen. Aber die drei Klassiker meistern problemlos diese erste lange Etappe, während der wir zahlreiche Teepausen einlegen. Natürlich werden die drei alten Citroën am Straßenrand bestaunt und unzählige Male zusammen mit uns fotografiert. Außer dem allgegenwärtigen »Grand Taxi«, dem Mercedes W 123, sind Oldtimer in Marokko quasi unbekannt. Während der gesamten Reise sehen wir nur einmal einen Peugeot aus den 50er-Jahren.

Am Abend rollen unsere Citroën durch Fes. Weil der saudische Kronprinz zu Besuch ist, sind die

Selbst solche Passagen sind für einen Citroën 11 CV kein Problem.

Hauptstraßen voll beflaggt. Egal, wir haben Hunger und vor allem Durst, und eigentlich würden wir jetzt nach dem vielen Tee während unserer Pausen alle am liebsten ein Bier trinken, was in einem muslimisch geprägten Land wie Marokko natürlich kaum möglich ist, erst recht nicht in der Öffentlichkeit. Doch der Wirt, in dessen Restaurant wir später sitzen, zwinkert uns heftig zu, als er mit einem Arm voller Fanta-Flaschen daherkommt – in die er tatsächlich Bier abgefüllt hat. Es schmeckt zwar eigenartig und ist obendrein auch sehr teuer, aber unsere Laune ist dafür bestens.

Tags darauf erkunden wir die Medina, die Altstadt von Fes, durch die sich angeblich 9000 Gassen und Gässchen winden. Mitten drin die historischen Gerbereien, wo in unzähligen gemauerten Bottichen eine graue Brühe schwappt, in der Arbeiter die vielen Kuh- und Schaffelle von ihren Haaren befreien. Wir kannten diese Bilder, aber nicht den Geruch, der schwer über diesen Teil der Medina hängt. Einige der Touristen, auf die wir hier treffen, halten sich einen Minzezweig unter der Nase, der Duft soll den extremen Geruch nach Urin oder Vogelkot übertünchen, was aber nicht wirklich funktioniert. Dafür stinkt es einfach zu schlimm.

Eine fantastische Fahrt führt uns in südliche Richtung durch den Hohen und Mittleren Atlas bis ins etwa 340 Kilometer entfernte Errachidia und weiter bis nach Erfoud am Rand der Sahara. Wir übernachten in einem wunderschönen Lehmbau und tauschen tags darauf ausnahmsweise einmal die drei Citroën gegen einen Geländewagen, dessen Fahrer uns durch die Wüste führt. Nomadenfrauen laden uns in einem Zelt zum Tee ein, während die Töchter im Teenageralter unablässig mit ihren Smartphones beschäftigt sind. Die Moderne lässt sich selbst hier längst nicht mehr aufhalten.

Wir gelangen zu der Oasenstadt Tinghir, dem Ausgangspunkt zur sagenhaften Todra-Schlucht, vor der sich bereits viele Reisebusse mit unzähligen Touristen, meist fernöstlicher Herkunft, tummeln. Für Busse ist eine Fahrt durch die Schlucht mit ihren bis zu 300 Meter hohen Felswänden jedoch verboten, aber wir können weiterfahren. Es wird immer enger und spektakulärer, doch der spannendste Teil kommt zum Schluss: Während der letzten 600 Meter ist diese Schlucht bestenfalls zehn Meter breit und bietet gerade genug Platz für die Straße.

Weiter in Richtung Marrakesch. Der Weg führt uns auf oftmals extrem ausgewaschenen Straßen durch unbegreiflich schöne Wüsten- und Berglandschaften. Während einer Pause entdecken wir, dass der rote 11 CV sein rechtes Rücklichtglas verloren hat. Kein Problem, aus dem Boden einer Wasserflasche

basteln wir eine improvisierte Abdeckung für die offenliegende Lampenelektrik.
In Marrakesch, der ehemaligen Hauptstadt des marokkanischen Reiches, schlagen wir unser Lager auf einem Campingplatz mit großen Berberzelten auf. In der Nacht ändert sich das Wetter allerdings schlagartig, es gießt wie aus Kübeln. Alles ist klamm, und die Autos baden am nächsten Morgen bis zu den Achsen im Wasser. Egal, heute stand ohnehin ein Pausentag auf dem Programm. Zu Fuß erkunden wir das verheißungsvolle Marrakesch, bestaunen Paläste, die zahlreichen Riad genannten Stadthäuser, in denen man in aller Pracht nächtigen kann, und natürlich die vielen Basare. Schließlich landen wir auf dem Djemaa el-Fna, dem sogenannten Gauklerplatz, der als das eigentliche Herz der Stadt gilt. Es ist laut und hektisch, seit über 1000 Jahren wird hier tagsüber gefeilscht und gehandelt, während dieser Ort nachts fest in den Händen von Gauklern, Schlangenbeschwörern und Musikern ist. Wir sind allerdings von den vielen aufdringlichen Händlern irgendwann genervt.
Als wir zu unserer nächsten Etappe starten wollen, versetzt die rote Traction unserer Reise eine Zwangspause: ein kapitaler Motorschaden, weil sich eine Schraube gelöst hat und zwischen Steuerkette und Zahnrad gelangt ist. Doch so etwas scheint kein Problem für marokkanische Mechaniker zu sein. Motor ausbauen, zerlegen, ein Ersatzteil anfertigen, alles wieder zusammenbauen – all das geschieht innerhalb von zwei Tagen direkt am Straßenrand. Die Reparatur kostet etwa 400 Euro, und der Motor läuft anschließend sogar besser als zuvor. Wir sind von dem Können unseres Mechanikers grenzenlos begeistert!
Wir halten Kurs in Richtung Küste, passieren dabei den 2100 Meter hohen Tizi-n' Test-Pass, eine traumhaft schöne Bergstraße. Anschließend folgen ein paar schreckliche Schlaglochpisten, die von unseren Au-

Kurze Pause auf dem Tizi n'Test, an dem es sogar einen Campingplatz gibt.

Chefchaouen (El Aaiún), wird wegen der blauen Hausfassaden auch als die »blaue Stadt« bezeichnet

tos alles abverlangen. Bei der Hafenstadt Agadir schlagen wir wieder die nördliche Richtung ein, fahren entlang der Küste via Casablanca bis Rabat, dem Sitz der Regierung Marokkos. Die Stadt wirkt sehr modern und aufgeräumt, heute haben sich allerdings Tausende Lehrer zu einer Demonstration zusammengefunden, sie verlangen mehr Geld. Im Schnitt erhalten sie pro Monat umgerechnet etwa 500 Euro Gehalt, was selbst in einem Land wie Marokko, in dem ein Liter Benzin rund einen Euro kostet, nicht viel ist.

Vorbei an Meknes geht es über eine perfekt ausgebaute Autobahn nach Tanger. Die einzige Gefahr für uns: begeisterte marokkanische Autofahrer. Viele von denen, die uns sehen oder überholen, hupen, winken oder fotografieren uns. Einmal kommt es sogar fast zu einem Unfall, als ein Fahrer versucht, uns beim Überholen zu filmen. Nur ein Ausweichmanöver verhindert eine Kollision.

Die beiden letzten Tage in Tanger verlangen noch mal viel Geduld von uns. Der rote 11 CV will wiederholt nicht anspringen, obwohl wir auf dem Weg hierher bereits die Zündkabel gewechselt haben. Die Reinigung der Hauptdüse bringt etwas Erleichterung, aber im Leerlauf bockt der Motor weiterhin – was bis zur Ankunft in Deutschland so bleiben wird. Dort löst sich das Problem im wahrsten Sinne des Wortes in Luft auf. Kommentar seines Besitzers: »Das ist halt die bayerische Luft!«

DER HAFENWAHNSINN

Die Formalitäten im Hafen beginnen mit dem Versuch, uns alles Mögliche an Dienstleistungen anzubieten; das Angebot reicht vom Organisieren der benötigten Stempel bis zum Schuhputzen, allerdings sind die Preise dafür gesalzen. Die Jungs sind wirklich hartnäckig, aber wir können inzwischen sehr entspannt mit der Situation umgehen. Unsere drei Citroën werden schließlich geröntgt, es geht wohl um Waffen- und Menschenschmuggel.

Das Fazit? Ein 11 CV BN Baujahr 1949 aus Ebersberg, ein 11 CV BN Baujahr 1952 aus Wien und ein 15-6 CV Baujahr 1954 aus Trostberg haben in vier Wochen rund 4200 Kilometer zurückgelegt, etwa 3000 davon in Marokko, wobei die Qualität der Straßen von sehr gut bis sehr schlecht reichte. Ob für diesen Trip nicht ein Geländewagen die bessere Wahl gewesen wäre? Nein, und wir hatten auch nicht eine Minute lang Grund, an den Fähigkeiten unserer drei Citroën-Klassiker zu zweifeln. Zudem stießen die drei klassischen Franzosen in Marokko überall auf große Begeisterung, was viele interessante Begegnungen zufolge hatte. Und ja, wir würden alles genau so wieder so machen. ■

MAROKKO – VIELFÄLTIG UND SPANNEND

SO KOMMEN SIE HIN

Für die Anreise nach Marokko mit einem eigenen Fahrzeug bieten sich mehrere Fährverbindungen an: Die meisten Schiffe – beispielsweise von der Reederei Grandi Navi Veloce (www.gnv.it) – stechen vom Hafen im südfranzösischen Sete in Richtung Tanger (etwa 40 Stunden) oder Nador in See; für die Anreise fallen ab Köln oder München etwa 1100 Kilometer an. Weitere Fährverbindungen bestehen ab Barcelona, Tarifa oder – wie im Text beschrieben – ab Genua, von dort dauert die Passage nach Tanger rund 48 bis 50 Stunden. Für die Einreise mit einem eigenen Fahrzeug sind Zollpapiere erforderlich, die es an Bord des Schiffes oder im Zielhafen gibt. Der Fahrzeughalter muss mit dem darin eingetragenen Auto auch wieder ausreisen. Einen Überblick über alle Fährverbindungen nach Marokko bietet die Website www.moroccoferries.com.

WAS SIE WISSEN SOLLTEN

Marokko gilt als eines der landschaftlich reizvollsten und abwechslungsreichsten Länder Afrikas, zudem ist es schnell zu erreichen und dank eines gut ausgebauten Fernstraßennetzes auch leicht zu bereisen. Tankmöglichkeiten sind obendrein ausreichend vorhanden. Das nordafrikanische Land kann im Prinzip ganzjährig bereist werden. Im Winter können die Bergstraßen im Hohen Atlas allerdings unpassierbar sein, während der Sommer mit extremen Temperaturen aufwartet. Frühling und Herbst sind daher die beste Reisezeit.

DORT SCHLAFEN SIE

In Marokko finden sich überall moderne Hotelanlagen. In den Städten schläft man jedoch authentischer in einem der vielen sogenannten Riads, Stadtpalästen mit Innenhof und oftmals märchenhafter Einrichtung. Außerhalb in den Bergen wurden viele Berber-Kashbas zu Hotels umgebaut, und in der südlichen Wüstenregion locken mehrere Zeltcamps.

DAS SOLLTEN SIE LESEN

Marokko-Reiseführer aus allen renommierten Verlagen füllen ganze Regalmeter, hier entscheidet der persönliche Geschmack. Tipp für Selbstfahrer: das 700 Seiten starke »Reisehandbuch Marokko« von Edith Kohlbach (Selbstverlag).

PORTUGAL

carris

PORTUGAL

NEUE LIEBE LISSABON

Warme Sommer, milde Winter, blauer Himmel – Portugal bietet fast übers ganze Jahr perfektes Wohlfühlklima. Wir begeben uns auf die Reise, um in einem Lancia Flaminia Super Sport Zagato die schönsten Wege um Lissabon zu erfahren – und verlieben uns in Land, Leute und Lancia.

TEXT: *Kai Klauder* **FOTOS:** *Tyson Jopson*

DAS FAHRZEUG

Lancia Flaminia Super Sport Zagato

Eckdaten: V6-Motor, 2775 cm³, 152 PS, 980 kg, 210 km/h, 1964 bis 1967

Preis: Ab 300.000 Euro (guter Zustand)

Charakter: Betörend, agil, fordernd – aus keinem anderen Automobil mochte ich so ungern aussteigen. Wer braucht einen Ferrari?

Unser Tipp: Über Nebenstraßen von Setúbal zum Castelo de Sesimbra.
(Unten) Beliebter Treffpunkt: Torre de Belém; Autowanderer nehmen lieber Reißaus.

Die Strecke vom Prajo do Guincho zum Circuito Estoril ist gesäumt von Platanen und Eukalyptusbäumen. Perfekter, griffiger Asphalt.

Da stehen wir nun. Mit nackten Füßen. Auf feinem Sand. Im Atlantik. Manche Wellen schlagen überraschend hoch, viel höher, als die Hosen gekrempelt sind. Macht nichts, wir genießen den letzten Sonnenuntergang auf unserer Reise auch mit nasser Hose. Fotograf Tyson fängt mit seiner Linse die letzten Sonnenstrahlen ein, und wieder einmal entspinnt sich mit vier freundlichen Portugiesen ein Gespräch. Wo wir herkommen. Aha, Deutschland.

»Da mögen sie uns nicht, oder?« Die Frage kommt unerwartet. Ich widerspreche vehement, krame mein Smartphone hervor und schwärme von Orten, Erlebnissen und Architektur; zeige die Bilder aus meinem Album »Fliesen«, in dem ich zig Wandfliesen der Lissabonner Altstadt gespeichert habe. Die alten Häuser tragen diese typischen handbemalten Fliesen als Schmuck, strahlen damit auch mit tiefen Spuren der Zeit stolze Eleganz aus.

SONNE, SAND UND MEER

Ich erkläre den beiden portugiesischen Pärchen, dass ich erstmals in ihrem wunderschönen Land bin – und rundum begeistert von Portugal morgen ins kühle Deutschland zurückfliegen muss. Die Frage »Was hat euch hergetrieben?« führt dann zum famosen Anlass der Reise. Ich zeige Bilder des Autos, mit dem wir hier unterwegs waren. Umgehend sind laute Ahs und Ohs zu hören – die Flaminia löst heftige Emotionen aus. »Ferrari?« und »Aston Martin?« wird getippt, bevor ich auflöse. »Ein göttliches Auto!«So begeisterungsfähige Menschen wie die vier Mittsechziger am Praia das Maçãs, einem Strand bei Colares, treffen wir oft auf unserer Reise. Schnell kommen wir ins Gespräch mit Einheimischen, freuen uns gemeinsam über die hinreißende Form des Zagato-Entwurfs – und erhalten Ausflugstipps.

Schon vor der Anreise hatten wir einige Fixpunkte gesetzt: den Leuchtturm am Cabo da Roca zum Beispiel, dem westlichsten Punkt des europäischen Festlands. Hier erleben wir am ersten Abend die Wellenreiter – und überraschend viele *innen. Die meisten stammen aus der unmittelbaren Umgebung von Colares, Ulgueira, Atalaias und bis hinunter nach Biscaia und Arneiro. Lissabonner suchten eher selten die Entspannung beim Surfen, erfahren wir. Die genannten Orte sind über ein verzweigtes Netzwerk aus schmalen Straßen auf vielfältige Weise verwoben. Jede einzelne von ihnen verdient es, entdeckt zu werden.

Der erste Tag bringt uns noch weiter ins Landesinnere, über die von alten Eukalyptusbäumen und Platanen gesäumte N 9-1 nach Sintra. Auf dem Weg liegt das Luxus-Golfresort Penha Longa – unbedingt einen Abstecher einplanen. Die traurig wirkende Rennstrecke Circuito do Estoril hingegen ist nur etwas für echte Fans. Immerhin treffen wir dort auf einen weiteren Zagato und besuchen die Ayrton-Senna-Gedenktafel; die Portugiesen sind stolz auf ihre Geschichte – und ihre ehemalige Kolonie Brasilien. Ansonsten herrscht hier trübe Stimmung.

Sintra wiederum stellt das genaue Gegenteil dar: eine Vielzahl von Palácios, jahrhundertealten Palästen, Museen und die steinzeitliche Siedlung São Pedro de Canaferrim – diese farbenprächtige Stadt verdient einen eigenen Besuch. Doch wir müssen weiter, wollen den Sonnenuntergang unbedingt entlang der Küstenstraße N 247 erleben. Zahlreiche Naturparkplätze und wenig Verkehr erlauben uns, die letzten Strahlen des großen rotorange glühenden Balls einzusammeln, bevor uns ein tiefes Schwarz umgibt. Wir fahren weiter – und tauchen ab in ein Lichtermeer: Die kunstvoll illuminierten Küstendörfer laden zu Wein und frischem Fisch ein. In Cascais lassen wir den ersten Abend ausklingen – in einem Restaurant mit Blick aufs Meer, das uns Einheimische empfohlen haben.

Am nächsten Morgen starten wir den herrlich aufspielenden V6 der Flaminia Super Sport, erklimmen die steile Ausfahrt der Tiefgarage im Zentrum Lissabons und wollen nun diese traditionsreiche Stadt entdecken. Zum Glück herrscht unter der Woche recht wenig Trubel, wir können mit dem Lancia ungestört durch die Straßen rollen und die Peripherie erkunden, bevor wir in der Nähe des monumentalen Mosteiro dos Jerónimos, des Hieronymitenklosters, einen bewachten Parkplatz finden. Das Kloster überbaut 26 600 Quadratmeter in einer fein ziselierten, der Spätgotik zurechenbaren Architektur, die nur staunen lässt. Das erleben wir in Lissabon noch ziemlich oft – für Architekturfreunde ist diese Stadt ein Muss.

Das liegt nicht zuletzt an dem verheerenden Erdbeben von 1755, als die Handelsstadt fast vollständig zerstört wurde – aber eben nur fast. Denn es lassen sich noch zahlreiche Bauten, Festungen und Paläste finden, die entweder das Beben überstanden haben oder wiederaufgebaut wurden. Besonders in den letzten drei Jahrzehnten hat sich die portugiesische Hauptstadt schick gemacht. Der Tourismus ist eine der größten Einnahmequellen – und das führt uns zum Torre de Belém, ein viel besuchter Leuchtturm, der bereits seit 500 Jahren die Seefahrer begrüßt. Nur wenige Hundert Meter weiter ein anderes Monumentalbauwerk, das Padrão dos Descobrimentos, Denkmal der Entdeckungen, welches 1960 anlässlich des 500. Geburtstags von Heinrich dem Seefahrer eingeweiht wurde.

Wir haben allerdings genug von Kultur und den mehr oder weniger begnadeten Gitarrenspielern, die das Volk unterhalten. Uns treibt es hinaus, wir wollen wieder auf die Straße. Den beeindruckenden Praça do Comércio, Platz des Handels, grüßen wir im Vorbeifahren aus dem Lancia und atmen erleichtert auf, als wir über die Brücke des 25. April

Architekturfreunde werden Lissabon lieben. Moderne und historische Bauten kulminieren zu einer städtebaulichen Zeitreise durch die Jahrhunderte.
(Rechts) Die Eléctricos de Lisboa prägen schon seit 1873 das Straßenbild der portugiesischen Hauptstadt.

Am Strand um den Leuchtturm Cabo da Roca herrscht noch abends Surf-Hochbetrieb – erst nach Sonnenuntergang kehrt Ruhe ein.

rollen, deren Name die Nelkenrevolution von 1974 ehrt, als der Salazarismus beendet wurde. Die Brücke stellt die wichtigste Verkehrsader für Zehntausende Pendler plus Durchgangsverkehr dar – und summt ihr eigenes Lied, wenn man auf der linken Spur fährt, die aus Eisengittern besteht.

DURCH TAUSENDE SERPENTINEN SURFEN

Wir folgen der A 2, biegen ab auf die A 12 nach Setúbal. Die Stadt gibt der südlich von Lissabon gelegenen Halbinsel ihren Namen. Auch hier locken antike Bauwerke und Klöster zum Verweilen, doch wir nutzen die letzten Stunden, um die fantastischen Küstenstraßen entlangzugleiten. Die wunderbar kurvige und immer wieder sanft anhebende N 379-1 führt uns an der Festung Forte de Santa Maria da Arrábida vorbei, bevor wir vor Casais da Serra links abbiegen und schließlich nach Sesimbra und zum gleichnamigen Castelo aus dem 9. Jahrhundert gelangen. Die weitläufige Ruine markiert den idealen Abschluss. Wir blicken in die Ferne, hinaus auf den endlosen Atlantik, und entdecken einen abgeschiedenen Strand, zu dem wir an pittoresken Fischerhäusern vorbeifahren.

Dann stehen wir da. Barfuß im Meer, nehmen noch einen letzten tiefen Zug frische salzige Luft. Wir beide wissen, ohne es zu sagen: Wir werden wiederkommen. ■

LISSABON, DAS KULTURELLE ZENTRUM AM WESTLICHSTEN ZIPFEL EUROPAS

SO KOMMEN SIE HIN

Am einfachsten, schnellsten und günstigsten per Direktflug von Berlin, Frankfurt/Main, Düsseldorf, Köln, Hamburg, Bremen, München oder Stuttgart. Am schönsten mit dem eigenen Klassiker in mehreren Tagesetappen. Rund 2300 km ab Frankfurt/Main, 2800 km ab Berlin. Wer eine Rundreise unternehmen möchte, steigt bereits am Flughafen in einen Mietwagen; die Auswahl an Anbietern und Modellen ist entsprechend groß. Am besten bucht man sein Wunschauto jedoch bereits vor Antritt der Reise. Bei der Anreise mit dem eigenen Auto zu beachten: Die Autobahnen durch Frankreich und Spanien sind mautpflichtig.

WAS SIE WISSEN SOLLTEN

Die beste Reisezeit reicht von Mai bis weit in den Oktober. In den klassischen Sommermonaten Juni bis August kommen die meisten Touristen. Einige Anbieter vermieten in und um Lissabon automobile Klassiker: bookaclassic.pt, rentaclassiccarportugal.com, hanggtime.de, jsilvaclassicos.com

DORT SCHLAFEN SIE

Historischer Palast: Olissippo Lapa (olissippohotels.com). Nobel: Myriad (myriad.pt). Unter sich: Penha Longa Resort (penhalonga.com). Günstig: The 7 Hotel (the7hotel.com). Art-Hotel: Lisboa Arte Hostel +351 21 813 0829 Tipp: Pension Gaspar House (gaspar-house.lisbon-hotel.org)

DAS SOLLTEN SIE LESEN

Als literarische Grundlage eignen sich Erich Maria Remarques »Die Nacht von Lissabon« sowie der moderne Roman »Nachtzug nach Lissabon« von Pascal Mercier. Ergänzend bieten die Reiseführer »Algarve & Lissabon« von Werner Lips und »Gebrauchsanweisung für Lissabon« von Martin Zinggi sachliche Informationen. Einen bildlichen Überblick vermitteln der Fotoband »Lissabon« von Jan Windzus und Karl Spurzem sowie »Lissabon und seine Tram« von Sabine Weiß und André Poling.

MADEIRA

HOCH-GEFÜHL

Nein, die drei Autos auf diesem Bild befinden sich nicht auf einer sommerlichen Alpentour. Sie sind mitten im Februar unterwegs – auf Madeira, Portugals Außenposten im Atlantik. Es gibt sie also doch, die perfekte Winterflucht.

TEXT & FOTOS: *Michael Schröder*

DAS FAHRZEUG

Triumph TR6 PI

Eckdaten: Sechszylinder-R-Motor, 2498 cm^3, 143 PS, 1092 kg, 194 km/h, 1969 bis 1976

Preis: ca. 30.000 Euro (guter Zustand)

Charakter: Klassischer Roadster, puristisch, toller Sechszylinder, alltagstauglich, problemloses Fahrverhalten

Augen zu und durch: Wo ein Wasserfall für nasse Straßen sorgt, müssen Cabriopiloten sehr tapfer sein.

Gut für die Seele: Strecken wie diese Sorgen dafür, dass der Kopf wieder frei wird. Wetten?

Die Straße wirft sich sofort mächtig ins Zeug. Kurven und Kehren, die entweder schwindelerregend hoch über dem Atlantik in den Berg gehauen wurden oder im nächsten Moment für ein kurzes Stück direkt am Wasser entlangführen. Dazwischen absurd steile Passagen, wie man sie bestenfalls in den Alpen vermuten würde, und allenthalben Häuser, die aus schierer Platznot wie Adlerhorste in den Felsen hängen. Auf Madeira, so viel ist bereits nach wenigen Kilometern klar, spielt sich das Leben in der Vertikalen ab.

Der erste Halt nach nicht einmal 20 Minuten Fahrt, und gleich das Postkartenmotiv der Insel schlechthin: Das westlich der Hauptstadt Funchal gelegene Cabo Giráo gilt als zweithöchste Klippe der Welt, knapp 600 Meter freier Fall und eine Aussicht über die tiefblaue See jenseits von Gut und Böse. »Die Südküste bietet bereits vieles von dem, was den einzigartigen Reiz Madeiras ausmacht«, schwärmt Roland Bachmeier.

Der Hotelier und Oldtimer-Fan lebt bereits seit 1968 auf Portugals atlantischem Außenposten und möchte mir heute mit seinem Triumph TR6 die schönsten Strecken »seiner« Insel zeigen. Bachmeier schätzt den britischen Roadster, weil das Auto stark, genügsam und sehr problemlos zu fahren sei. Ein festes Dach bräuchte man auf Madeira ohnehin nicht, allenfalls Mütze und Schal. »Die Temperaturen fallen selbst im Januar oder Februar selten unter 18 Grad, wir haben also immer ideales Cabriowetter.«

Weiter an der Küste entlang in Richtung Westen. Die warme Luft, die ins Cockpit strömt, riecht angenehm nach Salz, und der Blick über das Meer wirkt beruhigend und befreiend zugleich. Roland Bachmeier gibt fürs Erste ein gemütliches Tempo vor, ihm folgt seine Tochter mit einem weiteren TR6, während sein aus Österreich stammender Nachbar Gerald Bretterbauer mit seinem Riley RMB quasi die Nachhut bildet.

Natürlich fällt dieses rot-grün-rote Klassiker-Trio auf. Wildfremde Menschen grüßen und winken, sobald wir auftauchen oder irgendwo kurz anhalten. »Madeirenser sind vollkommen autoverrückt«, erklärt Bachmeier während der nächsten Pause in einer Strandbar im charmanten Ponta do Sol. Es gäbe sogar eine sehr aktive Oldtimer-Szene auf der kleinen Insel. Und auch einen Club, der stets im Juni eine viertägige Oldtimer-Rallye veranstaltet,

die sogar Teil des internationalen FIVA-Kalenders ist.
»2025 fand die Volta à Madeira Classic Rallye bereits zum 36. Mal statt«, ergänzt Riley-Fan Gerald Bretterbauer. Es versteht sich von selbst, dass die beiden Männer Mitglieder im Clube Automóveis Clássicos da Madeira sind.

PERFEKTES ROADSTER-TERRAIN

Wenige Kilometer später steigt die Küstenstraße hinter Calheta abermals steil an. Die beiden Triumph und der Riley verschwinden für eine Weile in einer dunklen Schlucht, um nach vielen wilden Haken ihren Trip schließlich ein paar Hundert Meter oberhalb des Atlantiks fortzusetzen. Laut Karte erwartet uns während der nächsten 40 Kilometer bis zum Hafenort Porto Moniz kein gerades Stück Straße mehr – perfektes Roadster-Terrain in einer tropisch anmutenden Welt: Eukalyptusbäume, Bananen, riesige Farne, Bougainvilleen und Hortensien gedeihen gleich neben der Strecke, und von hoch oben ergießt sich schon mal ein Wasserfall auf den geschundenen Asphalt. Einheimische nutzen diese Gelegenheit, um ihre Autos von Staub und Dreck zu befreien – indem sie im Schritttempo direkt unter den Strahl fahren. Wir in unseren offenen Klassikern hingegen sind gezwungen, uns möglichst dicht an der Felswand entlangzuzwängen, um zumindest einigermaßen trocken zu bleiben.
Kurz vor Porto Moniz schließlich der Abzweig, der endgültig auf das Dach der Insel führt – die genau genommen die Spitze eines Gebirges ist, das rund 1900 Meter aus dem Wasser ragt. Rasch knackt der von mannshoher Baumheide flankierte Weg die 1000-Meter-Marke und zieht sich nach einer Weile durch eine Landschaft, die plötzlich an Schottland erinnert. Sogar das Wetter würde auf einmal perfekt in den Norden Englands passen: Ein bitterkalter Wind jagt dunkle Wolkenfetzen über die Hochebene von Paúl da Serra.
Von wegen kein Winter auf Madeira! Die Temperatur ist auf einer Höhe von über 1400 Metern deutlich unter zehn Grad gefallen, statt Sonnenbrille trage ich Handschuhe und die Mütze tief im Gesicht und habe die Heizung auf maximal gestellt. Nur ab und zu blitzt die Sonne durch, selten gestatten Löcher im Nebel einen kurzen Ausblick auf die wild geformten Felsbastionen oder den Atlantik unter uns. Der Kontrast zur frühlingshaften Südküste könnte nicht größer sein.
Doch ein Abstecher, darauf bestehen meine beiden Tourguides, muss rasch noch sein, bevor es wieder hinab in die Wärme geht. Über die Straße in Richtung Ribeira da Janela bis zu einer Gruppe uralter, scheinbar für ewig im Nebel gefangener Lorbeerbäume. »Ein wahrhaftig mystischer Ort«, schwärmt Roland Bachmeier. Ein weltentrückter auf jeden Fall, der bereits seit 1999 unter UNESCO-Schutz steht.
Über den spektakulär angelegten Encumeada-Pass fallen wir wieder auf Meereshöhe hinab. Der Blick aus meinem Cockpit reicht über wild gefaltete Bergrücken, tiefe Canyons und schroffe Steilküsten – von dem rund 1000 Meter hoch gelegenen Übergang offenbart sich noch einmal die gesamte Dramaturgie, die Madeira zu bieten hat.
»Das schwer zugängliche Zentrum der Insel ist ein Paradies für Wanderer«, erklärt Gerald Bretterbauer, dessen Frau Christa tagtäglich mit Touristen zu Fuß hier oben in den Bergen unterwegs ist. Madeira sei seit Jahrhunderten von einem kunstvollen und insgesamt über 2000 Kilometer langen Bewässerungssystem überzogen, den sogenannten Levadas. »Erst auf den parallel zu den Kanälen angelegten Pfaden gelangt man wirklich in das Herz der Insel«, weiß Bretterbauer.

Aussichten jenseits von Gut und Böse: Strecken wie diese sind kein Einzelfall auf Madeira.

Mystischer Ort: Madeiras Lorbeerwald gilt als größter weltweit – und als nationales Heiligtum.

PERFEKTES 360-GRAD-PANORAMA

Tag zwei. Für heute haben sich meine Guides Roland Bachmeier und Gerald Bretterbauer quasi die Königsetappe aufgehoben: die Stichstraße hinauf auf den Pico do Arieiro – mit 1818 Metern der höchste anfahrbare Punkt auf Madeira. Ich solle ihm am Steuer des roten TR einfach folgen, höre ich Bachmeier noch rufen, dann stürmen die beiden Roadster mit vollen Segeln auch schon bergan. Zuerst durch die Tropen, dann durch einen Kiefernwald und am Ende durch eine rotbraune Hochgebirgslandschaft. Maximale Dramatik und als finaler Paukenschlag ein 360-Grad-Rundumblick, der alles bisher Gebotene wahrhaftig übertrifft. Ein paar Minuten später parkt auch Gerald Bretterbauer mit seinem tapferen Riley neben uns.

Abflug in nördliche Richtung, dorthin, wo Madeira am grünsten, vom Klima her in der Regel aber auch am ungemütlichsten ist. Wir merken es am feuchtkalten Wind, der zudem auch noch dunkle Regenwolken über das steile, viele Hundert Meter hohe Küstengebirge scheucht, das vollkommen von Moosen und Farnen überzogen ist. Der Wechsel von einer Klimazone in die nächste verläuft auf Madeira offensichtlich schneller als anderswo.

Mondäne Jachthäfen, Strände und schicke Uferpromenaden? Damit kann die schroffe Nordküste ebenfalls nicht dienen. »Dieser Teil der Insel ist touristisch lange nicht so erschlossen wie der sonnenverwöhnte Süden«, erzählt Roland Bachmeier. Das kann meiner Meinung nach allerdings kaum an dieser einmalig verlegten Küstenstraße liegen, die ab Faial über Santana und Ponto Delgada bis Porto Moniz führt.

Der spektakulärste letzte Abschnitt – er bleibt uns leider verwehrt. Steinschlag, Erosion und die raue See haben der ursprünglichen Trasse ab Seixal so zugesetzt, dass ein Befahren momentan als viel zu gefährlich gilt. Die neue Straße führt vergleichsweise unspektakulär durch unzählige Tunnels hindurch.

Schwamm drüber. Es gebe da noch viele Wege, die ebenso spannend seien: Bachmeier und Bretterbauer haben ihre Autos bereits wieder gewendet. ■

MADEIRA – INSEL DES EWIGEN FRÜHLINGS

SO KOMMEN SIE HIN

Von Deutschland aus sind es rund viereinhalb Stunden Flug bis Madeira, der Zeitunterschied beträgt eine Stunde. Die Landung auf Madeira ist immer ein kleines Abenteuer: Die Landebahn wurde spektakulär auf Stelzen über das Meer verlängert. Viele Reiseinfos für einen möglichst abwechslungsreichen Urlaub auf Madeira finden sich im Netz auch unter: www.visitmadeira.de

WAS SIE WISSEN SOLLTEN

Das portugiesische Madeira befindet sich rund 900 Kilometer südwestlich von Lissabon im Atlantik. Die sogenannte »Insel des ewigen Frühlings« bietet auf engstem Raum eine Vielzahl von Landschafts- und Vegetationsformen. Selbst im Winter sinken die Temperaturen kaum unter 18 Grad, oben in den Bergen kann allerdings schon mal Schnee liegen. Oldtimer-Touren über die Insel bietet Gerald Bretterbauer an, dessen Fuhrpark aus fünf Citroën 2CV besteht (www.madeirawandern.com).

DORT SCHLAFEN SIE

Als klassische Urlaubsinsel bietet Madeira eine Fülle von Unterkünften in praktisch allen Preiskategorien. Ein Tipp jedoch sind die mehrfach ausgezeichneten »Galo Ressort Hotels« wenige Kilometer östlich der Hauptstadt Funchal mit Tauchbasis und großen Spa- und Sportanlagen (www.galoresort.com). Zum Hotel gehört das Outdoor-Unternehmen Lokoloko, das zahlreiche Aktivitäten zu Wasser wie zu Land wie Windsurfing, Mountainbiking, Canyoning oder Jeep-Safaris anbietet (www.lokolokomadeira.com). Ein weiterer Tipp: das »Escapra – the Madeira Hideaway« mit neun Zimmern (www.escarpa-madeira.com).

DAS SOLLTEN SIE LESEN

Ein wirklich gut gemachter Reiseführer über die »Insel des ewigen Frühlings« stammt aus dem Michael Müller Verlag und kostet 19,90 Euro. Aus diesem Verlag stammt auch ein Madeira-Wanderführer. Ebenfalls ein Tipp: »Madeira und Porto Santo« von Reise Know-How für 19,90 Euro.

DER SONNE HINTERHER

DIE SCHÖNSTEN WEGE IN DEN SÜDEN

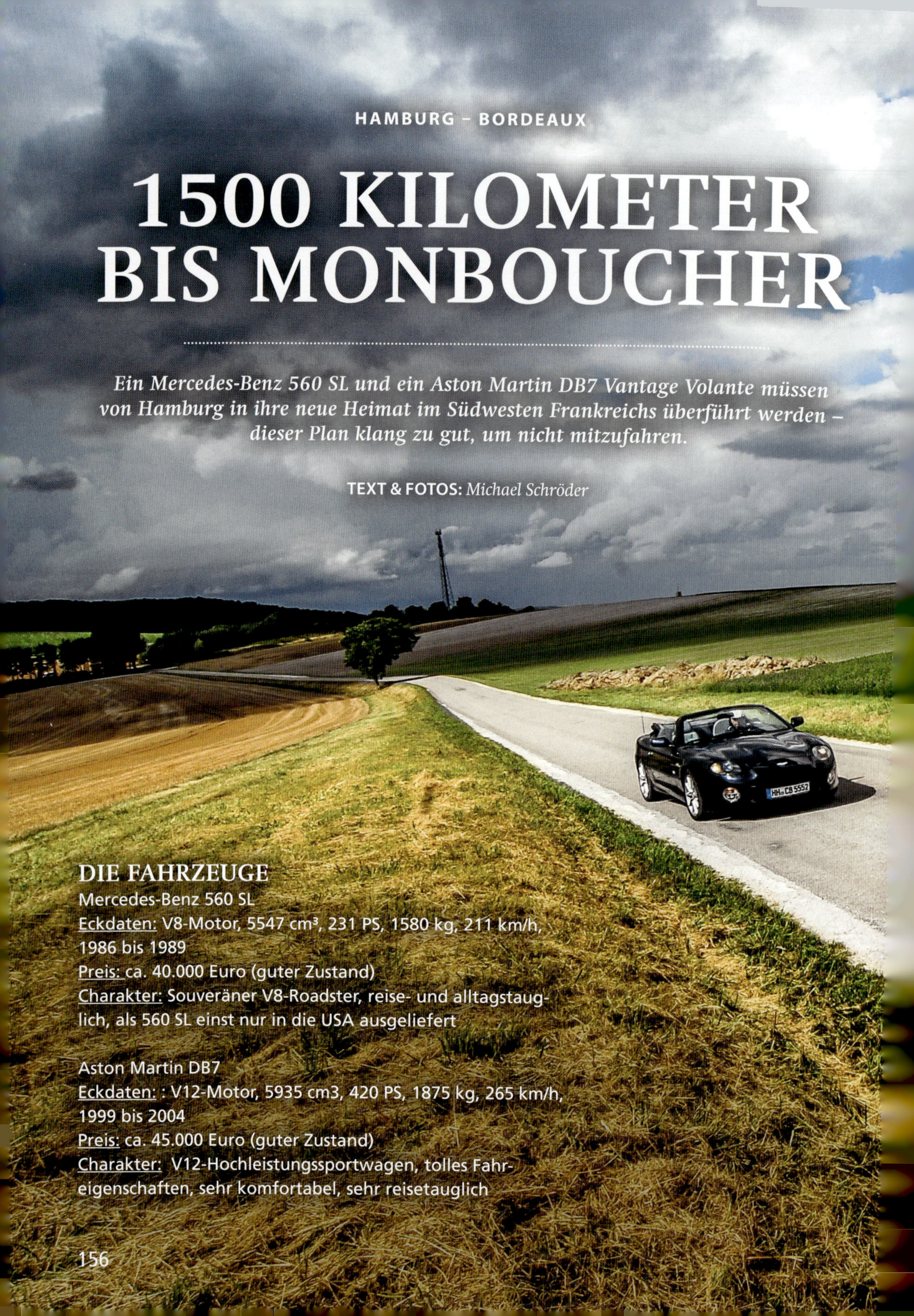

HAMBURG – BORDEAUX

1500 KILOMETER BIS MONBOUCHER

Ein Mercedes-Benz 560 SL und ein Aston Martin DB7 Vantage Volante müssen von Hamburg in ihre neue Heimat im Südwesten Frankreichs überführt werden – dieser Plan klang zu gut, um nicht mitzufahren.

TEXT & FOTOS: *Michael Schröder*

DIE FAHRZEUGE

Mercedes-Benz 560 SL
Eckdaten: V8-Motor, 5547 cm³, 231 PS, 1580 kg, 211 km/h, 1986 bis 1989
Preis: ca. 40.000 Euro (guter Zustand)
Charakter: Souveräner V8-Roadster, reise- und alltagstauglich, als 560 SL einst nur in die USA ausgeliefert

Aston Martin DB7
Eckdaten: : V12-Motor, 5935 cm3, 420 PS, 1875 kg, 265 km/h, 1999 bis 2004
Preis: ca. 45.000 Euro (guter Zustand)
Charakter: V12-Hochleistungssportwagen, tolles Fahreigenschaften, sehr komfortabel, sehr reisetauglich

HH AB 602H

Belgische Pommes! Darauf hatten Frank und ich uns klammheimlich schon seit der Abfahrt gefreut.

Auf der A 1 bei Cloppenburg, rasch ein paar Kilometer machen.

Später Boxenstopp an einer französischen Tanke.

La Roque-Gageac an der Dordogne, laut Reiseführer eines der schönsten Dörfer Frankreichs.

Einsame Strecke kurz vor Troyes.

Fast hätte es geklappt mit dem Abstecher ins Fahrerlager von Spa-Francorchamps, um die Eau Rouge einmal aus der Nähe zu betrachten. Doch die wohl legendärste Kurve der Formel 1 bleibt für Frank, Axel und mich heute dann doch leider unerreichbar: Feierabend, spätestens gegen 18 Uhr fällt an einem Montag auch in der belgischen Provinz der Hammer. »Demain«, also morgen. Dann sollten wir es noch einmal probieren, erklärt der Mann, der aus einem kleinen Häuschen die Zufahrt zur Rennstrecke regelt. Da sei im Fahrerlager nur wenig los, und er könne sich um eine spontane Erlaubnis für den Mercedes-Roadster und den offenen Aston Martin kümmern. Schade, aber einen Versuch war es wert.

Wir verabschieden uns von dem freundlichen Streckenwart, ziehen weiter. Der Besuch der Eau Rouge wird vertagt, denn morgen werden wir schon nicht mehr in Belgien sein, weil wir einen Job zu erledigen haben. Unser Zeitplan ist dabei eng gestrickt und die Strecke obendrein ziemlich weit: Der Mercedes-Benz 560 SL und der Aston Martin DB7 Vantage Volante müssen von Hamburg in ihre neue französische Heimat bei Bergerac überführt werden, sozusagen von der Elbe an die Dordogne, wo Axel ein Schloss aus dem 17. Jahrhundert erstanden hat – das Château de Monboucher.

Für diese rund 1500 Kilometer weite Tour haben wir drei Tage Zeit, wollen dabei aber auf Autobahnen möglichst verzichten: 500 Kilometer pro Tag sollten auf Landstraßen machbar sein, so unser Plan. Einfach grober Kurs Südwest und zwischendurch ein paar Highlights mitnehmen, die am Weg liegen – so wie die Rennstrecke von Spa-Francorchamps beispielsweise. Wenn man schon mal rauskommt, dann richtig.

GRUMMELNDER V8, CREMIGER V12

Obwohl, so ganz ohne Autobahn ging es am ersten Tag leider doch nicht, und eigentlich sind wir froh, überhaupt gemeinsam in Spa angekommen zu sein: Der Aston zickte gleich zu Beginn des Trips – also noch in Hamburg! – wie eine Diva herum. Drei Stunden verstrichen, bis die Ursache (ein defektes Relais der Automatik) gefunden und behoben war. Nun gut, dann eben doch über die Bahn, damit der Zeitplan nicht gleich völlig aus den Fugen gerät. Zumindest bis Aachen.

Die beiden Cabrios zeigen sich zum Glück gänzlich unbeeindruckt von dieser langen Bahnetappe. Keinerlei Spur von Müdigkeit unter der Haube des aus den USA stammenden 560 SL, dessen 5,6-Liter-V8 bei Tempo 130 leise vor sich hin grummelt. Von dem cremigen Sound des Sechsliter-V12 im DB7 ist noch weniger zu vernehmen, was auch daran liegt, dass wir selbstverständlich offen fahren. Während das Dach des SL jedoch komplett unter einer Klappe verschwunden ist, liegt die Haube des erst im Jahr 1999 präsentierten DB7 Vantage Volante weiterhin unter einer Persenning. Wir finden allerdings, dass dieser altmodische Verdeckwulst gut zu der klassischen Linie des Autos passt.

Unterwegs erzählt Axel Bösch von seinen Plänen mit dem Schloss: »Aus den großen Räumen sollen Eigentumswohnungen werden, wobei das verbindende Element der Bewohner die Liebe zu automobilen Klassikern sein soll.« Denen möchte der Mann im Château einen Rundum-Luxus-Service bieten, wozu neben vielen Annehmlichkeiten auch Einstellmöglichkeiten für deren Klassiker und eine Werkstatt zählen. Sein Angebot: Schlossherr zu sein, ohne sich dabei die Arbeit aufzuhalsen, welche die Bewirtschaftung eines Schlosses mit sich bringt. »Zum Schloss-Fuhrpark gehören dann auch der SL und der DB7«, so Axel, der es sich nicht nehmen lässt, seine Autos persönlich nach Frankreich zu begleiten – die im nächsten Moment südlich von Spa vor einem Imbiss parken, der auf den Namen »Friterie Chantal« hört. Belgische Pommes. Darauf hatten Frank und ich uns schon seit der Abfahrt gefreut, während Axel sich klammheimlich nach der gehobenen französischen Küche sehnt.

Belgische Pommes! Darauf hatten Frank und ich uns klammheimlich schon seit der Abfahrt gefreut.

PERFEKTE REISE-CRUISER

Tag zwei. Wir richten uns für eine weitere lange Etappe in den Autos ein. Souveräne Reisemobile sind beide, aber das ist nicht wirklich eine Neuigkeit. Auch ohne Dach bietet der SL mit seinen schweren Türen und der wuchtigen Instrumententafel ein Gefühl absoluter Geborgenheit, trotz reichlich Kunststoff ein Auto für die Ewigkeit. Der noble DB7 empfängt uns hingegen wie ein englisches Herrenzimmer. Teures Leder und piekfeines Holz schinden mächtig Eindruck, nur die vielen Billigschalter aus dem Ford-Arsenal stören ein wenig das schicke Ambiente des DB7. Egal, denn er mausert sich auch so zum Star des Duos – gemessen an den Blicken scheinen im Herzen Frankreichs derzeit englische V12-Cabrios angesagter zu sein als schwäbische Premium-Roadster. Der rote SL trägt es mit Fassung. Er weiß, dass er schon lange unantastbar ist. Und überhaupt: Wer hat den Reisestart verzögert? Na also!

Vorbei an Sedan und weiter in Richtung Reims. Wir tauchen tief in die französische Provinz ein, navigieren dabei ausschließlich per (Michelin-)Karte und halten uns meistens an Landstraßen zweiter Ordnung, die immer ein wenig kurviger sind als die großen Überlandstraßen. Obwohl, richtige Kurven finden sich hier eigentlich nur in den Kreisverkehren, die offensichtlich schwer in Mode sind. Egal. Fahren, tanken, rasch eines dieser dreieckigen

Die Kathedrale von Reims und zwei Klassiker im Halteverbot – was aber keinen störte.

Sandwiches aus dem Kühlregal auf die Hand und weiter Kurs Südwest. Es tut gut, unterwegs zu sein, zu sehen, wie dieses riesige Land vorbeihuscht. Die fast schon meditative Weite im Herzen Frankreichs passt zum Charakter der beiden Klassiker, die eine große Gelassenheit ausstrahlen.

Schließlich Reims. Klar, dass die Kathedrale Notre Dame, immerhin UNESCO-Weltkulturerbe, auf unserer Wunschliste steht, obwohl uns der zähe Stadtverkehr mindestens eine Stunde Zeit kostet. »Quelles belles voitures!« Der Kaffee in einer Bar direkt vor dem mächtigen Bauwerk geht dafür aufs Haus, weil dem Wirt die beiden Cabrios gefallen. Merci beaucoup, Monsieur!

Troyes, Auxerre, Nevers, schließlich Magny-Cours. Viel zu sehen gibt es rund um die GP-Rennstrecke allerdings nicht. Wir schlagen einen Haken in Richtung Bourges, quartieren uns später in einem kleinen Hotel mitten im Nirgendwo ein. Ein schnelles Bier an der Rezeption, anschließend ein Drei-Gänge-Menü und kurz vor dem Schlafen noch ein Blick auf die Autos. Passt. Wir haben unseren Rhythmus gefunden.

EIN SCHLOSS ALS NEUE HEIMAT

Dritter Tag. Endspurt. Ab Limoges über die Route Nationale 704 direkt nach Süden bis ans Ufer der Dordogne. Auf einmal herrscht Verkehr wie in St. Tropez, und auch wir stauen uns durch das vom Fluss und einer hohen Felswand eingezwängte La Roque-Gageac, welches als eines der schönsten Dörfer Frankreichs vermarktet wird. Der Anblick ist wirklich nett, aber Aussteigen scheitert allein schon daran, dass wir in diesem Trubel einfach keinen Parkplatz finden. Aber so ist es halt im August.

Axel will aber auch keine Zeit mehr verlieren – bis zu seinem Schloss sind es jetzt noch rund 60 Kilometer entlang der Dordogne in westlicher Richtung. Anderthalb Stunden später knistert der Kies der Auffahrt zum Château de Monboucher unter den Rädern der beiden Klassiker, die nun hier beheimatet sein werden. Aber daran kann man sich ganz bestimmt gewöhnen. ■

Interessenten erhalten von Axel Bösch ausführliches Infomaterial zum Schloss. Anfragen nur per E-Mail an: axel.boesch@chateaudemonboucher.com

5946 SH 57

BLOND
BELGIAN BEER
ANNO 1240
Abbaye de - Abdij van
Leffe
BLONDE · BLOND
Alc. 6,6% vol.
330 ml
STAYING
ALONE
SERIOUSLY

ES FUNKTIONIERT: EINFACH LOSFAHREN!

SO KOMMEN SIE HIN

Okay, nach Bergerac im Südwesten Frankreichs führen ziemlich viele Wege, die sich zu einer tollen Anreise kombinieren lassen. Der Verlauf der im Text beschriebene Route hat sich jedoch so ergeben, als wir bei der Planung auf einer Landkarte eine möglichst gerade Linie zwischen Start (Hamburg) und Ziel (Bergerac) gesucht haben, wir sind also fast Luftlinie gefahren – und mussten dennoch nicht auf Highlights wie Spa-Franchorchamps, Reims, Troyes oder La Roque-Gageac verzichten.

WAS SIE WISSEN SOLLTEN

Bei dieser Geschichte ist nichts gestellt, sie ist genauso passiert wie beschrieben: In drei Tagen mussten die beiden Autos von Hamburg bis Bergerac bei Bordeaux überführt werden – was Anlass für einen herrlichen Roadtrip war, wie man ihn öfter unternehmen sollte. Denn es hat großen Spaß bereitet, mit einem gesetzten Ziel vor Augen, einer groben Route im Kopf und einer Landkarte auf dem Schoß spontan loszufahren. Dazu braucht es auch keine Hotelreservierung, denn ein Dach über den Kopf findet sich immer und überall.

DORT SCHLAFEN SIE

Im Großraum jeder Stadt finden sich in Frankreich erwartungsgemäß Hotels oder motelähnliche Unterkünfte in allen Preislagen, manche sogar mit einem bewachten Parkplatz. Dennoch zwei Tipps: In Troyes empfiehlt sich das sehr charmante »Hotel la Maison de Rhodes«, www.maisonderhodes.com, in der Nähe von Limoges die »Hostellerie La Bergerie«, www.domainedeschappelles.com

DAS SOLLTEN SIE LESEN

Einen passenden Reiseführer zu dieser Geschichte gibt es nicht. Aber: Das Gefühl, nur mit einem Ziel im Kopf, aber ohne genauen Weg loszufahren, wird herrlich erfrischend in dem Buch »Nächsten Sommer« von Edgar Rai eingefangen (Aufbau Taschenbuch Verlag, ca. 11 Euro).

FRANKREICH

TOUR DE FRANZ

Natürlich gibt es bessere Reisewagen als einen Pickup aus den 60ern, der in den letzten 15 Jahren in irgendeiner Halle verstaubte. Doch das Abenteuer, eine wilde Tour von Berlin bis zur Biskaya im Peugeot 403 Camionnette zurückzulegen, war für Judy und Sven dann doch zu verlockend. Also, auf zum Atlantik, on y va!

TEXT & FOTOS: *Sven Wedemeyer*

Die Pritsche des 403 entpuppt sich als geniale Sitzgelegenheit, um beim Picknick am Straßenrand die Seele baumeln zu lassen.

DAS FAHRZEUG

Peugeot 403 Camionnette

Eckdaten: Reihenvierzylinder, OHV, 1468 cm³, 58 PS, ca. 1200 kg, 110 km/h, 1956 bis 1967

Preis: ca. 15.000 Euro (guter Zustand)

Charakter: Äußerst zuverlässiger, aber gemächlicher Lastesel mit französischem Akzent und Vorderwagen in Pininfarina-Design

Wenn die Zikaden lauthals zirpen und Sonnenstrahlen durch Korkeichenwälder brechen, ist das Mittelmeer nicht weit.

Raus aus der Komfort-Zone. So oder ähnlich haben wir uns das gedacht, als die Entscheidung fiel, mit Judys Peugeot-Pickup quer durch Deutschland und Frankreich bis nach Biarritz zu cruisen. Die beste Freundin von allen hatte den kleinen Transporter, der für die große Fahrt ungefähr so geeignet ist wie die Titanic für den Müggelsee, gerade frisch erworben.

Es ist nicht nur ihr erster Klassiker, sondern ihr erstes Auto überhaupt. Wobei ich ihr für den ersten Eintrag in der automobilen Biografie auch keinen abgehalfterten Twingo mit begrenzter Restlaufzeit empfohlen hatte, sondern etwas Verlässliches – mit Patina und Herz. Dass sie sich letztlich für einen Peugeot 403 entschied, noch dazu für einen raren »Camionnette« vom schweizerischen Importeur Franz, ist vor allem verklärter Schwärmerei geschuldet. Doch wer kann sich davon schon frei machen?

AMOUR FOU

Während ich mich frage, ob in Judy die Seele einer frankophilen Romantikerin schlummert, rückt die Planung unseres Sommerurlaubs näher. Und auf einmal ergibt alles Sinn: Im Peugeot nach Biarritz, das wär's! Hin zum Sehnsuchtsort an der Atlantikküste, diesem Traum für Surfer und der Heimat von »Wheels & Waves«, einem legendären Motorrad-Festival. Für die Idee, die Jungfernfahrt des 403 bis an den Atlantik auszudehnen, spricht neben der Herkunft des Peugeot seine ehrliche Substanz, das Image als unzerstörbarer Lastesel und unser unerschütterlicher Optimismus. Der Pickup, so unsere Hoffnung, würde auf dem Weg nach Biarritz eine fabelhafte Figur machen – irgendwie. Und die Reise in diesem nonchalanten, Kompromisse fordernden Fahrzeug zum unvergesslichen Erlebnis werden lassen.

Irgendwo im Département Occitanie nördlich von Montpellier nächtigen wir in einem umgebauten Taubenschlag. Der 403 passt in jede Kulisse.

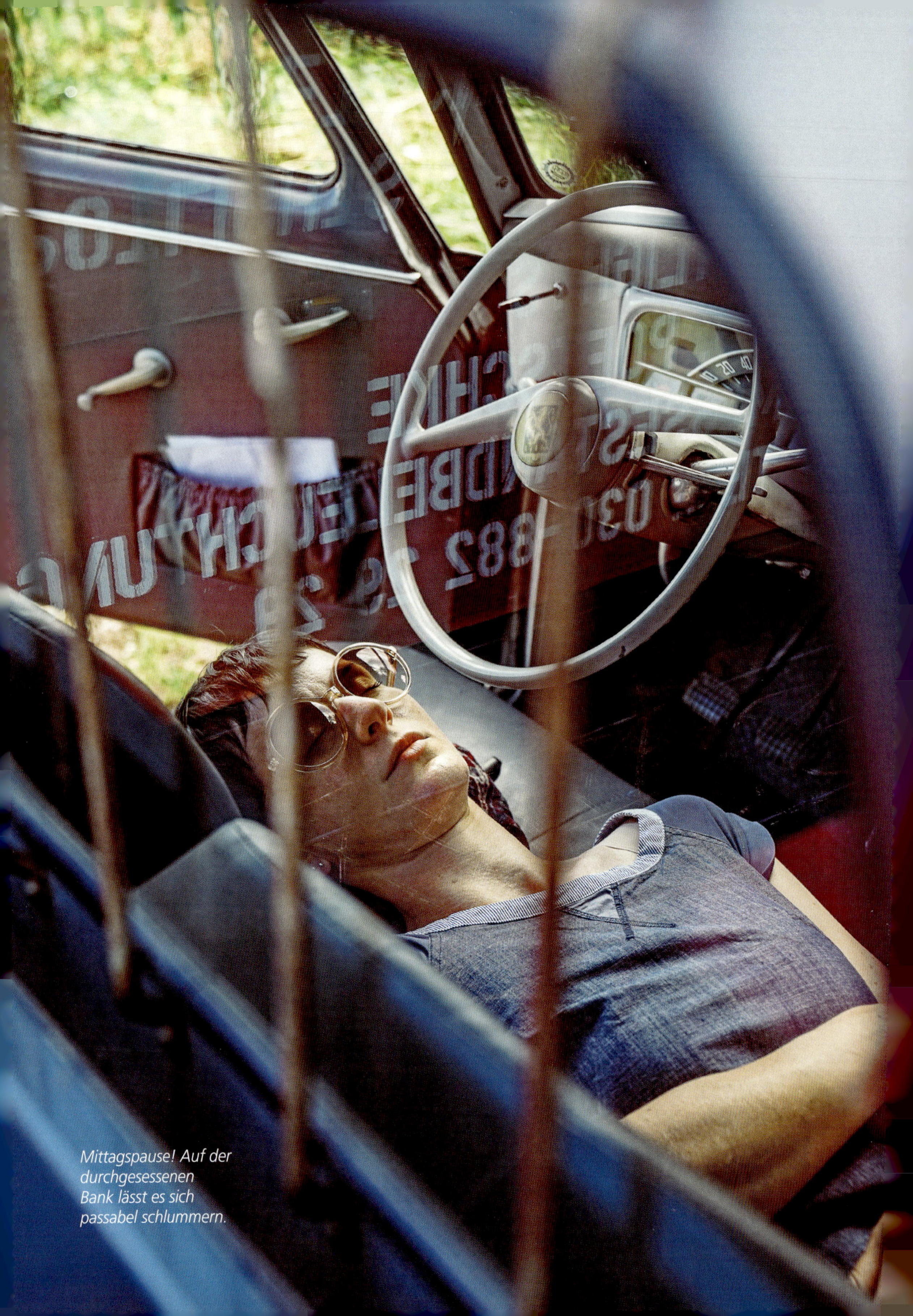

Mittagspause! Auf der durchgesessenen Bank lässt es sich passabel schlummern.

Ein T3 am Straßenrand lässt kurz den Gedanken an den Kauf eines seriösen Campers aufkommen, aber: Nein!

Baguette und Käse als Wegzehrung in Provenchère: Wer in Frankreich schlecht isst, ist selbst schuld!

Orte wie den Lac de Coiselet zwischen Lyon und Genf hätten wir von der Autobahn aus nicht entdeckt.

Burgen, Viadukte oder alte Gemäuer machen jeden Frankreich-Trip zur Zeitreise. Die Vergangenheit ist stets präsent.

Roter Nagellack fixiert als Schraubensicherung das Gehäuse des Ölfilters.

Vier neue Bremsen, einen Satz Vredestein Classic, etliche Liter frisches Öl und ein H-Gutachten später steht der 62 Jahre junge Wagen nun mit frischem TÜV vor uns, pünktlich zum Vortag unserer Abreise. Rote Holzkisten, die sich auf dem Dachboden finden, funktionieren wir über Nacht zum abschließbaren Kofferraum um. Der durchgesessene Fahrersitz wird mit Polstern von Terrassenmöbeln unterfüttert. Das muss reichen.

Eine knappe Woche haben wir für den Hinweg eingeplant, in freudiger Erwartung, die erste Nacht in Heidelberg zu verbringen. 650 Kilometer, das müsste doch zu schaffen sein. Als wir am ersten Abend, nach nicht mal halber Distanz, völlig fertig im Harz stranden und das großzügige Hotelbett sich wie die Sichtung einer Insel nach entbehrungsreicher Irrfahrt über einen unendlichen Ozean anfühlt, haben wir verstanden: Der Peugeot fordert einen anderen Umgang, ein anderes Selbstverständnis von Geschwindigkeit, Zeit und Raum. Alles dauert doppelt so lang. Die hakelige Lenkradschaltung verlangt viel Feingefühl.

MAXIMALE ENTSCHLEUNIGUNG

Auf Landstraßen rasseln wir erst mit 65, später mit 80 Sachen dahin. Mehr fühlt sich nicht gut an. Kleinste Berge, die nebenbei das baldige Ende der rutschenden Kupplung andeuten, erklimmen wir im zweiten Gang. Das wird sicher noch ein Spaß, mit den Ausläufern der Alpen auf der Agenda.

Unsere erste Erkenntnis ist also keine Überraschung: Der Peugeot ist alles andere als ein Reisewagen, kein Sportler und schon gar nicht kräftig. Doch – das offenbart bereits der zweite Tag, an dem wir es bis hinter die Grenze schaffen – sind die Eindrücke mit ihm umso intensiver. Die unmittelbare Abhängigkeit von der Technik führen uns winzige Kleinigkeiten vor Augen, etwa die Existenz nur eines Zündschlüssels, den es auf keinen Fall zu verlieren gilt. Oder enormer Sturzregen bei Straßburg, der sich seinen Weg durch die poröse Türdichtung bahnt, Motor und Elektrik aber völlig unbeeindruckt zurücklässt. Selbst die altersschwachen Scheibenwischer kann die Sintflut nicht stoppen.

Nach einer Nacht bei Freunden im Elsass führen uns sonnige Weinstraßen Richtung Lyon. Durch Zufall streifen wir dabei das Örtchen Pont-de-Roide, einen der Ursprungsorte der Marke Peugeot,

Der Fluss Lot schlängelt sich lustvoll durch die Idylle des Zentralmassivs. Da wird die Fahrt schnell zur Brückentour.

Ins schöne Biarritz cruisen wir in Begleitung von Freunden aus Deutschland. Gestärkt von Kirschen erreichen wir nach knapp einer Woche unser Ziel, das »Punk's Peak Race« beim Festival »Wheels & Waves«.

die hier ab 1842 Mühlen für Lebensmittel herstellte. Offenbar sind wir auf der richtigen Spur. Unter bedecktem Himmel geht es am nächsten Tag weiter durchs Rhonetal und an den Rand der Cevennen. Der Ölverbrauch liegt auf moderatem Niveau.

OPFER UND ENTSCHÄDIGUNGEN

Die Kupplung rutscht immer öfter. Doch die alte Technik ist nur ein Problem. Die Enge im 403 – ohne verstellbaren Sitz – zwingt den Fahrer in eine unglückliche Position, mit schräger Hüfte und viel zu steiler Lehne. Am Ende des Tages schmerzt mein verkrampfter Gasfuß so sehr, dass Judy bis in die Nacht allein ans Steuer muss. Hinter Valence ändert sich die Landschaft. Es wird heiß. Auf grüne Berge und Täler folgen karge Steinformationen. Die Zikaden stechen so laut mit ihrem Gesang in die Hitze, dass der Motor kaum noch zu hören ist. Unser Peugeot zieht trotzdem unbeirrt seine Bahn, kämpft sich mit schluckfreudigem Fahrwerk über schlechte Pisten und lädt auf der Ladefläche zu Picknicks am Straßenrand ein. Nach einem kühlen Bad in Gignac führt uns

Sundowner am Atlantik – im klapprigen Peugeot ein ganz besonderer Moment.

Historische Stadtzentren und die liebevolle Küche der Franzosen verzaubern auf der langen Tour.

die Route an den Rand der Pyrenäen. Dank wilder Wolkenfetzen, die sich in den Gipfeln verfangen, fühlen wir uns unserem Ziel schon ganz nahe. Auch Biarritz ist bekannt für ungestümes, dramatisches Wetter.

Mit freudigem Kribbeln in der Magengrube starten wir am nächsten Tag die letzte Etappe. Ich sitze wieder am Steuer, habe mit improvisiertem Linksfuß das Gas voll im Griff, als auf einmal die Ölkontrolle glimmt – eines der wenigen Lämpchen im Peugeot-Cockpit. Mir schwant Böses. Doch das fatale Signal scheint eine einfache Ursache zu haben. Während der anstrengenden Berg-Passagen über tausend Höhenmeter muss sich das Ölfiltergehäuse losvibriert haben. Mindestens ein Liter fehlt, oha! Ich ziehe die Hutmutter wieder fest. Und Judy reicht mir ihren besten Nagellack, der als Schraubensicherung fungieren soll. Und, siehe da, es klappt. Ein guter Schluck Castrol aus dem Vorrat – und wir sind wieder startklar.

UNSER VERLÄSSLICHER FREUND

Biarritz, einst Unendlichkeiten entfernt, rückt nun immer näher. Die riesigen Alleen aus Platanen in Peyrehorade kenne ich von früheren Besuchen. Die Bäume wirken, als hätten sie sich nur für uns am Straßenrand versammelt. Es fühlt sich fast an wie Heimkommen. Und der Peugeot, dem in den letzten 15 Jahren nur wenig Liebe zuteilwurde, der angestaubt in einer anonymen Halle stand und dann in Nacht und Nebel wiederbelebt wurde, macht immer noch keine Anstalten, unsere Pläne zu durchkreuzen. Wie ein verlässlicher Freund lacht er jedes Hindernis mit sturem Vertrauen in die gemeinsame Stärke weg, überwindet auch den letzten Hügel, schafft es durch den Feierabendverkehr von Bayonne, um schließlich nach gut 2500 Kilometern und sechs Tagen auf einem sonnigen Parkplatz überm Atlantik auszurollen.

Zündung aus, die Sonne geht bald unter. Jetzt haben wir volle fünf Tage Zeit zur Erholung, fürs Festival, für alte und neue Freunde. Dann steht die Rückreise an. ■

REISEN WIE GOTT IN FRANKREICH

SO KOMMEN SIE HIN

Für eine Tour nach Südfrankreich bietet sich die Anreise über das Rheintal zwischen Karlsruhe und Basel an. Hier weisen Schlösser und Weinberge den Weg. Die nahe gelegenen Vogesen sind eine Attraktion für sich. Colmar, Straßburg oder Mulhouse bieten ebenfalls viel zum Anschauen.

WAS SIE WISSEN SOLLTEN

Die Franzosen sind deutscher, als man denkt. Auch sie mögen Sicherheit und Struktur. So sind die meisten Autobahnen mautpflichtig. Wer es nicht eilig hat, ist auf den schönen Landstraßen aber besser aufgehoben. Der Mythos, man müsse einen Alkoholtester im Auto mit sich führen, hält sich hartnäckig. Doch das seit 2012 bestehende Gesetz wird in der Praxis nicht angewandt. Viel wichtiger: Auch Oldtimer brauchen in urbanen Umweltzonen vieler Großstädte eine Plakette. Die Crit'Air-Vignette bestellt man online beim französischen Umweltministerium.

DORT SCHLAFEN SIE

Natürlich finden sich in Frankreich viele Motels und Hotels erster Güte. Auch kleine Ferienzimmer (»Gites«) kann man spontan buchen. Wer sich vorab genauer über seine Bleibe informieren will, ist auf Plattformen wie Airbnb genau richtig.

DAS SOLLTEN SIE LESEN

Die eigentliche Pflichtlektüre für eine Genusstour durch unser Nachbarland ist der Guide Michelin (29,95 Euro). Der König aller Restaurant-Führer erscheint jährlich neu und verleiht Spitzenköchen einen Stern. Bodenständiger geht es in »Roadtrips Frankreich« (Bruckmann, 29,99 Euro) zu. Hier erfährt man alles über die 14 schönsten Routen durch dieses vielseitige Traumland.

AUTOREISEZUG

ZUM ZUG GEKOMMEN

Südfrankreich zum Zweiten: Man kann – wie auf den vorherigen Seiten – die lange Anreise komplett auf Achse absolvieren. Die Alternative: Man legt ein Teilstück mit dem Autozug zurück.

TEXT: *Frank Janssen* **FOTOS:** *Philipp von Ditfurth*

DAS FAHRZEUG

Alfa Romeo Spider (Typ 115)

Eckdaten: Vierzylinder-Reihenmotor, DOHC, 1962 cm3, 120 PS, 1110 kg, 190 km/h

Preis: ca. 17.500 Euro (guter Zustand)

Charakter: Mit ordentlichem Kofferraum ein perfektes Reiseauto für zwei, dank Servolenkung spielend leicht zu fahren

NL-MSM

Oben: Check-in am Terminal in Hamburg-Altona. Unten: Man reist gemütlich wie zu Bundesbahn-Zeiten.

Der Alfa Romeo Spider (Typ 115) ist das perfekte Reiseauto für zwei – dank Servolenkung spielend leicht zu fahren und nicht nur auf dem Autozug ein echter Blickfang.

Wie recht er doch hatte, der alte Goethe: Unsere Anreise ins Périgord in Südwestfrankreich ist schnell erzählt. Sie erfolgt von unserem Stellplatz in der Hamburger Borselstraße über die Gaußstraße, die Barner Straße, durch den Lessingtunnel, dann in die Präsident-Krahn-Straße, und nach weniger als anderthalb Kilometern ist man eigentlich auch schon da.

Der Dichter muss damals schon geahnt haben, dass es irgendwann eine pragmatische Lösung geben würde, die unser Fernweh mit einer komfortablen Anreise verbindet: den Autozug.

Er eignet sich ganz besonders für Leute wie mich, die wenige Hundert Meter Luftlinie vom Hamburger Bahnhof Altona entfernt leben, sodass der Motor, nachdem man das Auto in der Tiefgarage gestartet hat, noch nicht mal warm gelaufen ist, wenn man zum Check-in rollt, der für 19 Uhr vorgesehen ist. Natürlich sind wir viel zu früh da, die Aufregung.

Unser Zielbahnhof ist Lörrach, strategisch günstig gelegen an der deutsch-französisch-schweizerischen Grenze. Alternativ steuert der Autozug im Sommer von Altona aus auch Innsbruck, München oder Villach an. Zu unserem Ziel, dem bei Bergerac gelegenen Château de Monboucher unseres Freundes Axel, der dort am nächsten Abend sein erstes Oldtimerwochenende feiern wird, sparen wir mit dem Autozug bis Lörrach mehr als die Hälfte der rund 1500 Kilometer langen Anreise.

ZUM ABENDESSEN AM ZIEL

Da wir zum Abendessen auf dem Schloss sein wollen, entscheiden wir uns dafür, ab Lörrach überwiegend die Autoroute zu benutzen. Noch schöner wäre es zwar, über Landstraßen in Richtung Bergerac zu bummeln. Aber die französischen Autobahnen sind auch keine schlechte Wahl, weil sie zumeist viel entspannter zu bereisen sind als unser chronisch verstopftes deutsches Fernstraßennetz. Während wir aufs Einchecken warten, bestätigt ein Blick auf Google Maps, dass rund um Hamburg mal wieder alles rot ist. Ein ähnliches Bild sehen wir, als wir am nächsten Morgen in Lörrach ankommen. Gute Entscheidung also.

Offensichtlich hat es sich herumgesprochen, dass es eine Alternative zum Abspulen von Kilometern auf deutschen Autobahnen gibt, das ja insbesondere mit Oldtimern nur eingeschränkt Spaß macht. Auf die gefühlt endlosen Abschnitte von A 7 und A 5 verzichten wir gerne. Und wir sind nicht die Einzigen: Aufgereiht vorm Schalter warten zahlreiche Fahrzeuge mit skandinavischen Kennzeichen. Ein großer schwarzer Armstrong-Siddeley mit schwedischer Nummer, der ganz vorne in der Schlange steht, fällt sofort ins Auge. Außerdem häufig anzutreffen sind Schweizer, Österreicher und natürlich Süddeutsche auf dem Heimweg von dänischen Stränden, schwedischen Schären und norwegischen Fjorden. Und selbstverständlich auch Biker aus allen möglichen Regionen Europas, denn welcher Motorradfahrer sitzt sich schon von Hamburg aus gern stundenlang den Hintern platt und fährt die Reifen eckig?

Der Check-in zieht sich, so bleibt Zeit für den Einkauf von Proviant. Hinterm Altonaer Bahnhof liegt das Zentrum des Stadtteils; Philipp flitzt los und holt Baguette und Käse, Oliven und Wein. Damit werden wir uns nach der Abfahrt gemütlich im Abteil auf Frankreich einstimmen.

Wichtig ist es, so zu packen, dass der Großteil des Gepäcks im Kofferraum bleiben kann. Es gilt also, den Überblick zu behalten, was man für die Nacht braucht, denn wenn der Zug erst mal rollt, kommt man ans Auto auf dem Transport-Waggon nicht mehr heran. Wäsche zum Wechseln und natürlich das Necessaire mit der Zahnbürste kommen mit ins Abteil. Empfehlenswert ist auch irgendein Paar von Schlappen, falls man nachts mal rausmuss. Und die Wertsachen nicht vergessen, denn es soll schon vorgekommen sein, dass Fahrzeuge bei Stopps aufgebrochen und ausgeräumt wurden. In jüngster Zeit gab es allerdings eher Schlagzeilen über organisierte Diebstähle von teuren Autoteilen wie Airbags und Navigationssystemen aus Neuwagen, die auf den Rangierbahnhöfen von Autofabriken standen. Bei Urlaubszügen war es zuletzt eher ruhig.

Vermutlich liegt das daran, dass der Lademeister und seine Crew sich auch darum kümmern. Sie reisen übrigens bis zum Ziel in Lörrach mit und schwärmen bei Stopps schon mal zu Patrouillen aus, um das wertvolle Transportgut zu beschützen.

Der Ladevorgang selbst ist ein kleines Erlebnis. Wir rollen aus unserer Check-in-Warteposition geradewegs in den Altonaer Kopfbahnhof, von den anderen Reisenden nur durch eine rot-weiße Kette getrennt. Dann geht es unter Anweisung der Herren in den Neonwesten die Rampe rauf und rein in den Waggon. Ganz langsam folge ich mit dem Alfa dem schwarzen Armstrong-Siddeley, der mit dem Dach fast ans Oberdeck stößt.

Die Ladeordnung ist simpel: Normale Pkw und Motorräder kommen nach unten, größere Autos wie SUV, VW Busse und solche mit Dachbox reisen oben. Während ich die Reisetasche schnappe und den Alfa abschließe, ist er auch schon an Vorder- und Hinterachse gesichert. Zack, der Nächste bitte!

Im Genügsamkeits-Modus

Unser Zug ist selbst ein Oldtimer. Von der Lok mal abgesehen atmen die Waggons das Flair der 60er- und 70er-Jahre – viel getan hat sich seither offensichtlich nicht. Überbordenden Luxus sollte man von dem abgerockten rollenden Material auf keinen Fall erwarten, stattdessen eher in den Genügsamkeits-Modus umschalten, an den man sich vielleicht erinnert: wie zu der Zeit, als man in Jugendherbergen nächtigte und Europa per Interrail durchkreuzte.

Mit unseren Mitreisenden haben wir großes Glück. Wir teilen uns das Abteil mit Ulrika und Richard aus dem schwedischen Lund. Das sympathische Paar – sie Küchenchefin, er Klempner – will auf seinen Harley sechs Wochen lang Südwesteuropa erkunden, durch Frankreich, über die Pyrenäen nach Spanien und dann durch Benelux und Deutschland heim nach Schweden. Auf so einen entspannten Auftakt stoßen wir an mit den beiden.

Oben: Im offenen Alfa Spider durch die Weinberge an der Dordogne, herrlich!

Unten: Ulrika (l.) und Richard (r.) mit ihren Harley-Davidson und Autor Janssen.

Abfahrt vom Zug in Lörrach in Fahrtrichtung – und nach der Reise erst mal eine Dusche für alle.

Immerhin, der Abrollkomfort der alten Waggons ist recht geschmeidig. Etwas weinselig und sehr gemütlich schaukeln wir unserem Ziel entgegen. Es ist deutlich bequemer als bei einem nächtlichen Langstreckenflug in der Economy-Class, schließlich muss man nicht im Sitzen schlafen. Es gibt sogar richtige Bettwäsche. Nur beim Frühstück nimmt sich beides nicht viel.

Dafür fährt man recht günstig – wie damals bei Interrail; allerdings nur, wenn man früh genug bucht. Anfang Januar kostete das Ticket für einen Platz im Juni 378 Euro für die einfache Fahrt, mein Auto und eine Pritsche im Liegewagen inbegriffen. Mit dem Ferrari, den ich ursprünglich mitnehmen wollte, wären allein die Spritkosten für die rund 800 Kilometer von Hamburg nach Lörrach so hoch ausgefallen, da fiel die Entscheidung leicht.

Weil der Zwölfzylinder sich allerdings gegen seinen Fertigstellungstermin stemmte, war der herrliche rote Alfa Spider eine willkommene Leihgabe. Da der Vierzylinder sehr genügsam ist, fällt das Sparpotenzial mit dem Alfa geringer aus, aber der nicht verbrauchte Sprit muss natürlich mit in die Kalkulation hinein.

Philipp, der sich erst im Mai zum Mitkommen entschied, zahlte 170 Euro. Es geht allerdings auch deutlich teurer. Wer kurzfristig bucht, ein großes Auto fährt und die ganze Familie im komfortableren Schlafwagen unterbringen möchte, zahlt vierstellig.

AUSGERUHT AUF DIE NÄCHSTE ETAPPE

Mal abgesehen davon, dass wir keine Möglichkeit zum Duschen hatten, sind wir am nächsten Morgen topfit. Nach einigen Rangiereinlagen in Lörrach – Passagiere am Bahnsteig aussteigen lassen, leere Waggons an die Seite stellen, Rampen und Autotransporter zusammenkuppeln – dürfen die Reisenden ihre Autos vom Zug herunterfahren. So gehen wir ausgeruht auf die nächste Etappe, genießen die leere Autobahn Richtung Südwesten. In Chalon-sur-Saône machen wir kurz Rast, dann geht es weiter.

Es gilt, Prioritäten zu setzen, schließlich ist das Périgord unser Ziel – wo könnte man besser schlemmen als dort? Das Abendessen wartet, und Philipp muss zwei Tage später schon wieder zurück. 130 km/h sind ein perfektes Reisetempo für den Alfa; die Bummeltour durch Zentralfrankreich spare ich mir auf. Die Vorfreude auf den Rückweg über die A 5 und A 7 hält sich schon jetzt in Grenzen. Die Fahrt von Lörrach zurück nach Hamburg hätte ich gleich mitbuchen sollen. ■

CITROËN
AZ·
101·CV

Das Ziel unserer Reise ist das Treffen auf Château de Monboucher nahe Bergerac.

Lörrach am Rhein, Laufzettel mit Check-in-Zeit und Leergewicht des Fahrzeugs.

MIT DEM ZUG IN DEN URLAUB – INKLUSIVE AUTO.

WAS SIE WISSEN SOLLTEN

Die Deutsche Bahn hat die meisten Autozug-Verbindungen eingestellt. Heute wird nur noch die Strecke Niebüll–Sylt unter DB-Regie betrieben. Die Langstrecken wurden von den privaten Unternehmen BTE und Urlaubs-Express komplett übernommen – und das recht erfolgreich. Die Hauptverbindungen führen im Sommer (Mai bis Oktober) von Düsseldorf und Hamburg-Altona nach Lörrach und München sowie nach Innsbruck und Villach. Im Winterfahrplan (Januar bis März) werden von Düsseldorf und Hamburg aus nur München und Innsbruck bedient. Fahrpläne unter **https://www.bte-autoreisezug.de/** und **https://urlaubs-express.de**. Ebenfalls hilfreich ist die Seite **https://www.autoreisezug-planer.de**.

Auto-Reisezug Alfa Spider

Es lohnt sich, früh zu buchen sowie die Fahrpläne und Preise der Anbieter zu vergleichen. Wer sich Anfang des Jahres für die Reise im Juni entscheidet und allein von Hamburg nach Lörrach unterwegs ist, kann mit unter 400 Euro dabei sein, wenn er im Liegewagen schläft – den er sich allerdings mit bis zu vier anderen Reisenden teilen muss. Ein ganzes Liegewagenabteil zu zweit zu beziehen, kostet Aufpreis. Wer gar ein eigenes Abteil im Schlafwagen oder eine Junior-Suite möchte, bei dem wird ein vierstelliger Betrag auf der Rechnung stehen. In den Sommerferien sind die Preise am höchsten – und die Züge häufig ausgebucht. Größe und Gewicht des Fahrzeugs spielen bei der Preisgestaltung eine untergeordnete Rolle. Die betreffenden Daten des Fahrzeugs müssen bei der Buchung angegeben werden; beim Check-in erfolgt eine Überprüfung – Fahrzeugpapiere nicht vergessen! Stornierungen sind zeitlich begrenzt und gegen Gebühr möglich.

Zeit mitbringen: Vom Beginn des Check-ins bis zur Abfahrt des Zuges vergehen in der Regel mehr als zweieinhalb Stunden. Nach der Ankunft dauert die Entladung noch mal rund zwei Stunden. Während der Reise kommt man ans Auto nicht heran. Eine Ausnahme bildet der Sylt-Zug, bei dem die Reisenden im Fahrzeug sitzen. Die Auswahl der an Bord angebotenen Snacks und Getränke ist begrenzt. Lieber selbst Proviant mitnehmen. Die Fahrtzeit dauert länger als bei einem herkömmlichen Fernzug, da der Autozug an mehreren Stationen haltmacht.